湖北建筑集粹

湖北现代建筑

湖北省建设厅 编著

总 主 编　张发懋
本卷主编　袁培煌
　　　　　俞　红

中国建筑工业出版社

图书在版编目（CIP）数据

湖北现代建筑/湖北省建设厅编著，总主编张发懋，本卷主编袁培煌，俞红 .—北京：中国建筑工业出版社，2006
（湖北建筑集粹）
ISBN 7-112-08751-1

Ⅰ.湖… Ⅱ.①湖…②张…③袁…④俞…Ⅲ.古建筑－湖北省－图集 Ⅳ.TU092.2

中国版本图书馆CIP数据核字（2004）第117554号

责任编辑：唐　旭　马　彦　李东禧
装帧设计：冯彝诤
责任校对：邵鸣军　关　健

湖北建筑集粹

湖北现代建筑

湖北省建设厅 编著
总主编　张发懋
本卷主编　袁培煌　俞　红

*

中国建筑工业出版社出版、发行（北京西郊百万庄）
新华书店经销
中华商务联合印刷（广东）有限公司印刷

*

开本：889×1194毫米 1/16 印张：15$\frac{1}{4}$ 字数：600千字
2006年10月第一版　2006年10月第一次印刷
定价：178.00元
ISBN 7-112-08751-1
　　（15415）

版权所有　翻印必究
如有印装质量问题，可寄本社退换
（邮政编码100037）
本社网址：http://www.cabp.com.cn
网上书店：http://www.china-building.com.cn

内 容 提 要

本书通过大量照片及线条图向读者展示了湖北现代建筑的优秀成果,可供建筑专业人员、高等院校建筑专业师生及建筑爱好者阅读。

《湖北建筑集粹》丛书·编纂委员会　　《湖北现代建筑》编写组

《湖北建筑集粹》丛书·编纂委员会　　　《湖北现代建筑》编写组

主 任 委 员：张发懋　　　　　　　　　本卷主编：袁培煌　俞　红
副主任委员：武孟灵　高介华　　　　　撰　　文：陈纲伦　俞　红
委　　　员：袁培煌　张良皋　辛克靖　摄　　影：李铭汉　张　唯　李　钫
　　　　　　李百浩　吴　晓　梁晓群　　　　　　　俞　红　宫卉平　姜　华
　　　　　　童纯跃　戚　毅　　　　　　　　　　　张汉福　彭晓岑　周幼勤
总 主 编：张发懋　　　　　　　　　　　　　　　童汉芳　张其军　刘建林
副总主编：武孟灵　高介华　　　　　　　　　　　郑之道　张祖诰
编 审 组：高介华　戚　毅　王云泉　　制　　图：俞　红　朱萍珊
　　　　　　王琴梅　杨晓复　　　　　　排版制作：俞　红

总　序

张发懋

　　湖北别称鄂，古亦泛称荆楚，位于长江流域中段，洞庭湖以北，为中国内陆省份，东邻安徽，南界江西、湖南，西连重庆，西北接陕西，北枕河南，省域面积18.59万平方公里。湖北山川秀丽，土地肥沃，气候湿润，交通便捷，自古物华天宝，人杰地灵。湖北历史源远流长，数十万年前就有古猿人栖息于此，是远古人类活动的主要地区之一；中华文明的两大源头长江文化和中原文化在此交汇，悠久的历史文化和独特的地理环境，造就了境内丰富多彩的自然、人文景观。新石器时代，著名的大溪文化、屈家岭文化和龙山文化，记录了史前先民在这片土地上繁衍生息的印迹，殷商时代的盘龙古城，春秋战国时期楚都纪南城，其街巷市井虽早已从地面消失，但城廓遗址尚在；屈原离骚、伯牙抚琴、昭君出塞、三国群雄纷争，直至明末清初李自成九宫山鏖战，在荆楚大地留下了众多历史文化的印痕。道教圣地武当山古建筑群，佛教禅寺宝通寺、归元寺，香火之盛远及东南亚与日本，而武当山古建筑群和明显陵以其宏大的建筑规模、深远的历史及宗教影响，共同成为列入世界文化遗产名录的两大景观。19世纪中后期，列强炮舰下建立的租界领地，张之洞创办的近代工业，到20世纪初终结中国封建王朝统治的武昌首义红楼，仍是我们今天城市的亮点。新中国成立后，湖北成为国家重点建设地区，"一五"时期的156项重点工程项目中，武钢、武重、武船、武锅、冶钢等众多项目落户湖北，有力地推动了湖北这一时期的城市建设和发展；万里长江第一桥的建成，使天堑变通途；20世纪六七十年代的"三线"建设以及其后以丹江口、葛洲坝、三峡等大型水利枢纽为代表的一系列基础设施和工程设施建设，使宜昌成为了国际知名的水电、旅游城市，并成就了沙市、襄樊等全国著名的明星城市，还平地建起了我国第二座汽车城——十堰。这些辉煌的建设成就，使湖北成为中华大地建设百花园中的一朵璀璨奇葩。传承优秀历史文化的湖北建筑，受地理、气候、环境、人文等多种因素的影响，尽管在国内未能构成明确的建筑流派，但它汇集了江南建筑文化的秀丽典雅，中原建筑文化的古朴雄浑，融合了西部少数民族风情和东部海、徽派建筑的特点，再加之较早地开埠通商，接受西方文化的影响，形成了兼收并蓄的自身特色，并在国内建筑领域具有一定的地位。

　　和国内早期建筑一样，湖北境内19世纪以前的建筑均以土木结构为主体，其材料性能、使用寿命远不如现代的钢筋混凝土及钢材，故难以承受岁月的沧桑和风雨的侵蚀，再加上封建社会朝代更迭，战乱频繁，许多著名历史建筑毁于战火或是外强入侵后的劫难；还有那场史无前例的"文化大革命"的摧残，以致曾经辉煌一时的荆楚文化，今天我们只能从部分历史文化名城、历史街区所保留的部分地段或是地下出土文物中去领略其风采。即便是明清时代的建、构筑物有幸留存至今，大多也是风雨飘摇，岌岌可危。时至今日，大规模现代化城市建设和旧城改造不可避免地使一些城市和建筑的文化特色正在逐步被吞噬，荆楚文化的灵魂和神韵正在被淡化，"千城一面"和趋同化的危机正在蔓延。为了更好地继承和弘扬湖北建筑文化，发掘湖北建筑地域特色与传统建筑风格，启发、开拓设计思路，繁荣建筑创作艺术，全面提高湖北建筑设计整体水平，同时，也为抓住时机，在一些历史建筑尚存并可利用的条件下，全面、客观、真实地展示湖北地方建筑的悠久历史与辉煌成就，我们以科学发展观作为指导各项建设和文化发展的依据，按照"三个代表"重要思想，以建设先进的中国新文化为根本，组织编纂了这套大型建筑科学技术文献《湖北建筑集粹》奉献给建筑行业的各级领导、专家、从业工作者及建筑院校师生、相关领域的研究及考古人员。我们热切期望通过这套文献丛书对巴山楚水间湖北地域建筑文化的浅析以及近、现代建设成就的略窥，能帮助读者增加一些对荆楚文化及湖北建筑发展的了解与兴趣，并对湖北新时期建筑文化的开创与发展有所启迪。本书也可供各类图书馆作为史料收藏。

《湖北建筑集粹》为五卷本大型丛书，五册分卷分别为《湖北古代建筑》、《湖北近代建筑》、《湖北现代建筑》、《湖北传统民居》和《世界文化遗产——武当山古建筑群》。全套丛书按不同的历史阶段，收录了各个时期较有代表性及有研究价值，且实物、资料保存相对完好的各类建(构)筑物实体，以照片、图形、文字相结合为主要表现形式，力求在照片、图形处理上做到构图新颖、表达准确、艺术性强，文字撰写简明、精练、可读性强，结构编排合理有序，构思创意清晰明确，使整套丛书出版达到高品位、高质量、高水平的要求，并具备较高的欣赏价值、艺术价值、收藏价值和教学科研的学术研究价值。

《湖北建筑集粹》也是一套综合性的大型建筑史料类丛书，所包含的内容多、时间跨度大、涉及面广。为此，在本书的编纂过程中，我们一是充分注重了全书各分卷内容组成及结构体例上的完整、统一，并以能反映出湖北建筑水平、建筑艺术和地方特色为基础，集中展示湖北各个不同时期的建筑成就及精华。其中，古建筑以1840年鸦片战争以前的建筑为收录范围，1840~1949年为近代建筑，1949年以后为现代建筑。为避免各分卷在项目内容收录上重复交叉，除传统民居、现代建筑外，各时代建筑均以类型划分为主，在此基础上按年代次序编排。本书中所收录的古建筑一般都为省级以上重点文物保护单位，现代建筑则要求是获奖设计作品。

各分卷所收录的项目内容除建筑物外，还包括组成城市重要景观的构筑物及工程设施。二是全书所包括的各组成部分均有反映湖北建筑特色的文字介绍；建(构)筑物实体以照片资料为主，适当辅以建筑平、立面图及环境分布图；对一些有较高研究价值但现在已消失的古建筑则根据资料复制成墨线图或效果图；每帧照片(或图形)都附有简明的文字简介，重点反映该建筑的建成年代、历史沿革、文化背景、建筑特点及艺术价值。三是鉴于全书所涉及的各类建(构)筑物除实物主体外，其他各种建筑细部、表现不可能全部单列登录，因此，对于那些有时代特征并有一定代表性的细部处理(形式、做法)，如石雕、围廊、梁柱、斗栱、窗花、门楣等及建筑装饰、色彩运用等，穿插在所选录的项目内容中，不单独选编。四是全书各分卷统一了编写规则及体例，装帧设计风格一致。

《湖北建筑集粹》大型文献丛书由湖北省建设厅负责编纂。全书编纂工作历时两年。在这套丛书正式出版、发行之际，谨向参与这项工作的所有专家、学者、院校师生及为此提供资料、素材的有关单位、部门或个人表示诚挚的谢意！

本套丛书的编纂经省内众多知名专家学者及院校师生长期深入调研，广泛采集素材，反复分析、分类、筛选、精心构思编排，直至运用现代科技手段，完成成果汇总，实现精美装帧，不失为一部有价值的教科史料力作。但由于全书涉及内容年代跨度上下贯通古今，地域遍及荆楚南北西东，内容类型包罗万象，搜罗采撷之艰辛非一般言辞所能表述，故成书难免挂一漏万，不足之处恳请海内外专家批评指正。

目 录

目　录

总　　序	6
导　　言	10
第 一 章 湖北现代建筑的历程与成就	12
第 二 章 办公金融建筑	24
第 三 章 商业宾馆建筑	58
第 四 章 文化教育建筑	88
第 五 章 体育医疗建筑	126
第 六 章 交通会展建筑	142
第 七 章 纪念园林广场建筑	156
第 八 章 广电通信建筑	190
第 九 章 住区规划与住宅建筑	198
第 十 章 桥梁工程构筑物	212
第十一章 工业建筑	226
后　　记	242

导　言

导 言

  本卷收录的现代建筑是湖北境内从1949年中华人民共和国成立直至现在的50多年间，有着较高学术研究价值和影响，并具有一定特色和代表性、标志性的建筑。

  现代建筑最基本的类型（即传统建筑所没有或不完善的建筑类型）包括：高层建筑、大跨度建筑、工业建筑和各类新潮建筑。现代建筑具有现代社会所要求的全新内容；有现代科技所产生的新结构、新材料、新设备和新技术所支持的全新建筑形式；有现代观念所启迪的全新自由设计的思想和方法。

  由于建筑在国民经济中处于重要地位，因此建筑作为一种社会现象，能反映出所处时代的政治、经济、文化的特征和变化，同时也是所处时代科学技术与艺术成就的反映。湖北现代建筑发展到今天已成为湖北或其境内某一地区现代物质文明和精神文明的重要标志。本书将现代建筑分为10大类型分别展示，它们分别是：办公金融、商业宾馆、文化教育、体育医疗、交通会展、纪念园林广场、广电通信、住区规划与住宅、桥梁工程构筑物与工业建筑。上述各类型建筑从不同方面展示了现代建筑技术在湖北地区的发展状况，也折射出建筑创作者在设计实践中传承荆楚文化、把握湖北建筑地域特色、发扬传统建筑风格、开拓设计思路、繁荣建筑设计创作所做的努力和探索。

  本卷第一章对湖北现代建筑从总体上进行了论述，回顾了湖北现代建筑的历程与成就；从第二章开始，除简短的论述外，按各类型建筑及其建造年代的顺序排列项目，每个项目由文字介绍、照片和线条图组成，力求图文并茂并简明、扼要地将这些现代建筑中的优秀作品介绍给读者。

第一章 湖北现代建筑的历程与成就

第一章
湖北现代建筑的历程与成就

湖北现代建筑的空间范围是湖北省境内。时间范围应从西方现代建筑传入开始,但以省会武汉解放,尤其是改革开放以来的建筑业绩为重点。湖北现代建筑的创作设计主体并不限于本省,也包括省外,甚至国外的建筑师。因此,只要是在本时段、本地区营造的建筑,都可视为湖北现代建筑,其中,有代表性的优秀建筑为本书所收录。

湖北现代建筑具有中国现代建筑的一般特征和经历。由于地理条件、文化传统、经济基础以及国家宏观战略的区域性布局,湖北现代建筑也取得了富于地方特色的辉煌成就。追溯这一时期的建筑发展史,在激情创作、不断前进的现代化道路上,湖北的广大建筑工程技术工作者从一开始就走上了一条自力更生、不断探索的曲折之路。

1. 湖北现代建筑产生和发展的曲折历程

国际意义的"现代建筑"(the Modern Architecture)20世纪二、三十年代产生于西欧北美。"现代建筑"反映了工业化时代大量性、快速度、高效率、低成本建造的普遍的社会需求,很快波及全球,不久即进入中国大陆。时至今日,中国现代建筑经历了6个主要的发展阶段[1]。其中最近一个阶段,即文革以后至今,开始了堪称中国后现代的"当代建筑"。

湖北现代建筑的产生和发展历程,大致也是如此。

1.1 近代后期湖北现代建筑萌芽(1935~1948年)

中国的"现代建筑"并不是从中国的传统建筑天然派生出来,而是伴随着西方殖民文化,从国外传入的。大约在1935年前后,这种早期的"现代建筑"开始在湖北的武汉等地生根。

初期的湖北现代建筑也都由外国建筑师设计,吸收中国工程界人士参与营造,如武汉大学校园建筑(由美国建筑师凯尔斯规划、设计,汉协盛等几家中国公司联合施工)。以后陆续有中国人独立开业,承接新建筑的设计、建设。

20世纪30年代,卢镛标创立了湖北第一家华人建筑设计事务所。其设计的汉口中央信托公司(1935年,现址武汉市江岸区中山大道912号,参见本套丛书《湖北近代建筑》卷第三章),采用了现代主义欧洲新艺术运动风格;四明银行(1936年,现址武汉市江岸区江汉路45号,参见本套丛书《湖北近代建筑》卷第六章),则为现代主义美国芝加哥学派风格。这两幢建筑均成为整个中国早期现代建筑成就的重要实例。

1.2 共和国成立之初湖北现代建筑探索(1949~1952年)

新中国成立的前三年,正处于国民经济恢复时期。为医治战争创伤,当时,全省建设的主要任务是发展工农业生产,安置城乡居民生活,从建筑、设施上为新生政权提供保障。

为适应新时期的大量性建设要求,1952年武汉市成立了全省第一批设计机构,有中南设计处(中南建筑设计院前身)、武汉设计公司(武汉建筑设计院前身)等。当时湖北地区已经拥有一批国内知名的规划师、建筑师、结构工程师和设备工程师,从而为新湖北、新武汉的现代建筑正式起步,奠定了专业技术人才队伍的基础。

面对新形势、新任务,湖北建筑师依靠自己的才智与勤奋,在武汉地区城市建设中取得了第一批建筑设计成果,如:东湖疗养院、华中农学院教学楼、新华印刷厂办公楼等。

这些建筑已经具有了与已往不同的新形式,自然而然地成为了第一批湖北新时代现代建筑的代表。

1.3 "社会主义内容民族形式"的湖北现代建筑实践(1953~1957年)

从1953年开始,我国依据前苏联模式实行发展国民经济的第一个五年计划。

"一五"项目主要由苏联援建,从而兴起中国现代建筑发展历程中的一个向国外学习的高潮。

湖北、武汉位于中国腹地,自然成为国家"一五"时期的重点建设地区。借助观摩学习苏联所创造并加以总结的有关城市规划、住宅建设、工业建筑方面的设计规程与管理方法,湖北以至全国在新展开的建造活动中,开始摆脱以中国传统手工艺为主流的营造方式和经验的历史桎梏,向国际化、现代化迈出了重要的第一步。

中国建筑学会第一次全国代表大会号召:建筑设计不仅要学习苏联先进的技术和经验,还要学习苏联把社会主义"内容"与民族"形式"结合起来的设计思想;同时提出,以"民族的特色,社会主义的内容"作为今后建筑设计的指导思想。

按照"社会主义的内容"规范的内涵,湖北建筑师依靠自己的创造性劳动,设计建成一批社会急需、在当时条件下质量较好的民用与工业建筑。这些建筑在营造技术和造型表现各方面,采取的基本上都是国际式现代风格,如中南建筑设计院办公楼、中南体育场、中南交际大楼等公共建筑。

这一时期,建筑师们对中国古代建筑文化遗产,尤其是古代建筑的做法和形式,开始了深入、系统的调查研究,为创作具有自己民族传统的建筑风格进行了有益的探索。湖北当时设计的一些作品,既有借鉴中国古典园林、结合特殊水环境的游览建筑,如东湖风景区行吟阁、长天楼;也有运用古代建筑大屋顶、在装修上采取复古风格的教育建筑,如武汉体育学院、华中工学院等高校校舍;还有以现代技术与传统形式相结合所创作出的具有民族风格的公共建筑,如交通学院、市委礼堂等。

以模仿苏联"社会主义内容、民族形式"风格为主的建筑物,在湖北最著名的是武汉展览馆(建筑已毁;相关资料详见本卷第六章)。它与北京、上海、广州同类作品并称四大仿苏式国家纪念性公共建筑。难能可贵的是,由湖北建筑师设计的武汉展览馆"取消了繁琐的装饰,与苏联建筑相比,已有了探新性质"。[2]

通过这一时期的创作实践,加深了湖北建筑师对中华大地尤其是湖北地区所蕴涵的博大精深的古代建筑文化的认识,积累了尝试把传统与现代有机结合的设计经验。在全国设计施工工作会议上,第一次提出了新中国自己独立的建筑设计指导思想:"适用、经济、可能条件下注意美观"。湖北省在贯彻落实新建筑原则的同时,纠正工程设计中的片面节约倾向,完成了一些功能较为合理、造型简洁大方的建筑设计,如东湖高干招待所、同济医院住院部以及长江大桥艺术处理方案等。武汉剧院、武汉大学物理楼、湖北医学院门诊部等一些较好的设计也得以实现。其中武汉剧院典雅庄重,视听效果好,至今仍深受好评。

这一阶段,湖北省除建成大批民用建筑外,还完成了一批中、小型新建或扩建工业厂房及其附属设施的设计,如汉口第一纱厂、武昌造船厂、华新水泥厂、中南电线厂等。50年代中期以后,随着工业建筑设计任务类别、项目规模逐渐扩大,"一五"期间,国家重点投资的156项基本建设项目中,布点武汉的就有武钢、武重、武锅、武船及武汉长江大桥等七大项目。

1.4 独立自主建设热潮与湖北现代建筑探索(1958~1964年)

1959年在全国"建筑造型艺术及创作方向问题"座谈会和"住宅标准及建筑艺术"座谈会上,又进一步明确提出"创造中国社会主义建筑新风格"的指导思想。这极大地鼓舞了全国的建筑工程技术人员，对繁荣建筑创作、提高设计水平起到了推动作用。这一时期，湖北省探索现代建筑新形式有了新的进展，出现了武汉电视大楼、武汉长话大楼、武汉铁路局大楼等一些较优秀的建筑作品。

合理运用现有资源、关注地方环境特色，成为当时中国现代建筑新的切入点。湖北发展现代建筑，时间虽不长，却形成注重提高技术质量、加强科学研究的好作风。

20世纪60年代初期，根据"设计工作要以提高质量为中心，总结经验，提高技术，提高质量，技术过关，加强管理"的精神，湖北集中一部分建筑专业力量进行城市与农村住宅调研设计工作，开展有关屋面及地下室防水、南方建筑的通风隔热等研究试验。在此基础上，建成了一批针对本地区夏季闷热气候特点，合理布置平面和自然通风，具有较好使用功能的居住建筑。其中最为成功的有湖北省计量局住宅、湖北柴油机厂住宅、农机部武汉办事处住宅及武胜路实验性住宅等。

湖北省在开展增产节约、反对浪费的群众运动中，根据本地实际提出要在保证和提高设计质量前提下，适当加快速度；要在反对浪费中，防止片面节约；不任意降低设计标准，不随意压缩工程规模以至影响使用，不盲目采用不成熟的代用材料和新技术。在"十不"要求和"好中求多"、"好中求快"、"好中求省"思想指导下，建造了湖北省计量恒温楼、农业部中南办事处办公楼等。它们较好地满足了使用功能，而且造型简洁，是在艺术创作上有一定特色的公共建筑。

这一时期湖北省还先后承担了一批国防军工项目的新建和扩建工程。

1.5 文化大革命中的湖北现代建筑（1965～1976年）

由于切实奉行独立自主、自力更生的建设路线，20世纪60年代中期我国出现了较好的政治、经济形势。但是，随着"文革"爆发，打乱了管理秩序、严重影响了工程质量，而且破坏了建筑设计基本队伍。全国的建设速度普遍放慢，正常的建筑创作活动完全停滞。

在这种严酷的现实条件下，湖北建筑师仍然在困境中坚持现代建筑探索。一系列国家建设及地方生产、生活急需的建设项目在极端困难的条件下得以完成。前者，如第二汽车制造厂及○六六等三线建设项目和国家重点工程；后者，有武汉医学院附属二医院门诊部大楼、武汉钢铁公司外宾招待所、湖北图书馆图书库、武汉高压研究所高压试验大厅等。

1973年到1976年期间，按照"适用、经济，在可能条件下注意美观"及"技术先进、经济合理"的设计方针，湖北地区设计并建成的建筑工程包括：330葛洲坝电站厂房、武汉体育学院田径馆、乒乓馆、二汽厂部大楼、二汽总装厂总装车间、二汽发动机厂试验室、湖北省计量局恒温楼（二期）、襄樊电视机厂、二汽张湾医院住院部、719所、7016所、六机部中南物资供应大楼等。

其中湖北省计量局工程获国家、部优秀设计奖，国家及省优质工程奖；二汽发动机厂试验楼获国家优秀设计、省优质工程奖。

1.6 市场经济与信息时代湖北现代建筑的多元化发展（1977～2005年）

文化大革命结束后，进入了"改革开放"的新的历史时期。在党中央正确路线指引下，湖北现代建筑的设计创作也开始逐步出现百花齐放、推陈出新的繁荣景象。

为了适应建筑发展的新形势，国务院提出："建筑要注意经济、适用，城市布局要有利生产、方便生活，标准要体现我国70年代的水平"。新的设计指导思想激发了湖北广大建筑师的创作热情，推动了工程设计创优活动。一批造型新颖、经济适用的优秀工程在省会武汉及省内一些城市建成，如武汉市第六冷冻厂、晴川饭店、桃花岭饭店、武汉大学图书馆、湖北医学院附属第一医院病房大楼及省妇幼保健医院、梨园医院等。其中第六冷冻厂曾获国家70年代优秀设计奖。

1980年10月中国建筑学会第五次会员代表大会在北京召开，标志着中国建筑学领域新时代的开始。湖北现代建筑进入前所未有的健康发展阶段，本卷所收录的绝大多数建筑实例，都创作于这一时期。

为落实中央提出的"调整、改革、整顿、提高"方针，建筑领域实行了一系列新的改革举措。湖北省的主要设计单位积极推进设计体制改革和全面质量管理（TQC），积极参加方案竞标，靠质量树立信誉，靠质量赢得任务、扩大业务。这一时期陆续建成了黄鹤楼、中南商业大楼、洪山体育馆、华中电管局大楼、湖北日报业务大楼等。黄鹤楼等一批项目获国家、建设部或湖北省科技进步奖、优秀设计奖、优质工程奖及鲁班奖。

随着改革开放的深入发展，国家体制开始由计划经济向市场经济转轨，重要民用建筑开始实行设计方案招标。国内其他地区及境外设计机构也纷纷到湖北开辟市场，空前壮大了湖北现代建筑的创作设计队伍。在建筑设计市场空前活跃，竞争激烈的形势下，建筑师们为创作出更多符合时代要求的优秀作品而各显其能，一大批现代优秀建筑在湖北落成。如武汉天河机场候机楼、汉口火车站、东湖碧波宾馆、中南政法学院、中南民族学院、湖北省科教馆、汉口烟草大厦、鄂城墩联合大厦、孝感体育中心等。湖北省的整体建筑创作水平有了长足的进步。华中电力科技综合大楼、泰合广场、长江三峡工程开发总公司总部办公楼达到全国示范国家标准。

进入90年代，武汉先后建成了泰合广场、武汉广场、佳丽广场、武汉世界贸易大厦、武汉国际贸易中心等7、8幢钢筋混凝土结构的超高层建筑。目前以钢结构为主的超高层建筑——武汉民生银行大厦也即将竣工。

世纪之交，"城市化"已成为全球大趋势。为全力推进城市化进程，湖北省会武汉及其他各城市加快了城市建设步伐。继90年代中、后期建成武汉长江二桥、武汉汉江月湖桥、宜昌西陵长江大桥后，武汉白沙洲长江大桥、军山长江大桥、宜昌宜陵长江大桥、武汉汉江晴川桥及武汉市城市轻轨交通等一批重大交通工程相继在21世纪初建成；武汉外滩、黄石湖滨长廊、襄樊诸葛亮文化公园、荆州凤凰公园、潜江通宝绿化广场等一大批城市景观建设项目，也在新世纪来临前后陆续完成并投入使用。

"建筑小城市，城市大建筑"反映了当代的建筑观。新的设计理念强调，建筑策划不能脱离城市规划，建筑设计应当兼顾城市设计。住宅及住区环境已成为城市建设中位置重要、规模巨大的建筑类型。国家近年来在湖北地区设立试点住区。建设部试点有武汉宝安花园、常青花园（四小区），全国小康科技住宅试点有黄石天方百花园、武汉锦湖小区和世纪家园等。

历经几十年来的建设、发展，湖北地区的"现代建筑"今天已经蔚为大观。不断地实践、探索，不断地总结、提高，湖北现代建筑及时更新了早期"现代运动"或者"现代主义"的建筑观念，形成符合中国国情、具有地方特色的湖北"现代建筑"设计理念。目前，借助中国加入WTO、筹办2008年奥运，特别是国家正在实施的"中部崛起"发展战略，湖北也和全国大多数省区一样，跨入了"当代建筑"新阶段，并已经建立了良好的开端。

2. 湖北现代建筑的成就与特色

追溯湖北现代建筑半个多世纪以来的历程,尽管有困难、有曲折,但成就与业绩辉煌。所完成的建筑工程中,既有规模宏大、技术复杂的大型工程,又有结合地方环境、文化特点、富于创意的建筑艺术杰作。

在以下几个方面集中体现了湖北现代建筑的成就与特色。

2.1 大型国家工程建设

湖北及其省会城市武汉位处全国中部,重要的战略地位、交通及水资源条件,使之成为国家重点建设地区。几乎每一个时期都有国家单独或与地方共同投资在湖北建设的国家重点工程。

20世纪50～60年代

为了强化新生地方政权,重点建设了中南局政府办公大楼。

为了排除天然屏障、通畅国家南北主动脉,建造了我国有史以来第一座长江大桥:武汉长江一桥。

为了增强国力、发展经济,建设了一大批基础工业大型工程:武钢、武重、武锅、武船及大批国家重点工业厂房。

60年代中后期,特别是1964年5月中共中央提出建设三线战略基地方针后,中央在湖北地区相继部署建设了十堰二汽、荆门炼油厂、丹江口水利枢纽等三线工程和水电工程。

20世纪70～80年代

为了加强三线建设,除一些国防工业项目外,还设计建造了武钢"一米七"轧机等大型工业项目和宜昌葛洲坝水利枢纽工程等水利工程设施。

20世纪90年代

在省内开始了令世界瞩目的特大型国家级水电工程——三峡大坝的建设。

武汉及省内主要沿江城市建造了新的长江大桥:武汉长江二桥、宜昌西陵长江大桥、荆州长江大桥、黄石长江大桥、鄂黄长江大桥。

21世纪伊始

被誉为国家水命脉的"南水北调"丹江口工程正式启动;除已建成武汉白沙洲、军山两座长江大桥外,阳逻长江大桥、天兴洲高速铁路公路两用长江大桥及过江隧道陆续开工建设。

宜昌、巴东建造了新的长江大桥:宜昌夷陵长江大桥,巴东长江大桥。

这些大型国家级重点工程扎根在荆楚大地上,铸就了湖北现代建筑的辉煌业绩,载入湖北现代建筑的史册。

2.2 高科技现代民用与工业建筑设计

湖北现代建筑的历史体现着强烈的技术革新意识。每个时期均有对当代先进建筑技术努力探求的范例。

2.2.1 提高大跨度、高层公共建筑设计的技术含量

以体育场馆、博览厅堂为代表的大跨度大型公共建筑,每一个时代都免不了要作为当时最新技术的试验地,因而也标志着当时、当地的建筑技术水平。

湖北早在1956年就建成可容纳3000余人的武汉体育馆。该馆按篮球场长向设计为34m跨的两绞拱钢拉杆屋架结构,使球场两侧最佳视觉范围内可不受制约的扩展,达到最大容纳人数和最佳投资效果。

20世纪50～60年代,预应力钢筋混凝土技术在湖北名噪一时。武汉展览馆老馆,原名"中苏友好宫",1956年3月落成,占地11hm^2,由主楼和两侧27个附属建筑组成。正前方中央大厅为4层钢筋混凝土框架结构,总高25m;后部工业馆,长66m、高19m,薄壳拱结构屋面,最大拱跨30m;门厅上部为俄式穹顶。

1978年建设的武汉体育学院游泳馆采用28m跨、高15m的无粘结预应力铰线混凝土钢架。1989年设计洪山体育中心时,游泳馆采用43m+7m+43m三连跨钢筋混凝土门式刚架;跳水馆采用两排41m跨不对称钢筋混凝土门式框架组合。

在钢结构、空间结构应用方面,湖北建造的一些文教体育建筑,无论规模大小、功能繁简、造价高低,所有的技术方案都精益求精。武汉杂技厅观演大厅设观众席2500座,屋架采用62m跨度空间网架,表演空间高21m,是我国第一座可供进行国际杂技、马戏表演的大型观演建筑。洪山体育馆更是一座可容纳8000人的大型体育建筑,采用66m钢桁架,建筑外观利用看台挑出,形成结构合理、造型优雅的马鞍形。

为承办1992年全国第二届农运会兴建的孝感体育中心,其中的体育场建筑面积28650m^2,座席27000个,东西两面各使用长102m宽24m的球节点钢网架挑棚。观众席设计根据视觉质量要求及大型运动会开幕式背景台的需要,从南北弯道处的10排以台阶式向东西两边过渡到39排,使建筑外型从跌宕中求和谐,从断裂中求完整,打破了扁平单调的格局。技术与功能、造型的完美结合与大胆创新受到普遍好评,被新闻媒体誉为"荆楚体育第一城"。

汉口港客运站的指挥调度塔楼,高14层、51m。中央候船大厅高25m,壳形屋盖内采用了当时比较先进的球节点短杆空间网架。

位于武汉经济开发区的武汉体育中心体育场的看台篷盖,采用了当时比较先进的大悬挑预应力索析与张力式索膜相结合的复合结构。钢撑最大挑长有52m,上下拱环梁跨长达200多米。结构新颖,造型现代,富于体育建筑的力量感和高科技美。

高层结构也是建筑新技术发展的重要领域。湖北现代建筑几十年前已经开始了大胆的探索。

湖北医学院附一医院,由于用地紧张,病房大楼最先在湖北地区采用了13层全装配预制构件高层结构,是当时国内第一栋高层医疗建筑。它不但在垂直运输、通风采光、管道设备等功能上布局合理,而且体量造型简洁规整。同样,后来兴建的武汉妇幼保健院、协和医院住院部、同济医院扩建病房大楼均使用了这种当时堪称新技术的高层结构模式。

武汉亚洲大酒店,高30层,圆形平面,周边带有弧形阳台,外轮廓变化丰富;顶部的旋转餐厅厚实强劲,整栋建筑擎天而起。

武汉天安大酒店,位于一块略带三角形的地段,地上28层,平面类似倒T字形。由于平面的多面向,各角度看外形都相当丰富;立面处理采用大片实墙,开方形小窗;底层裙房由高低不同的块体组合,顶部为一扁平的旋转餐厅;外观白色为主,体形明快、清新;窗楣细部处理采用了一些传统手法,使整栋建筑"现代而不洋,传统而不古"。

武汉世界贸易大厦与武汉商场并肩毗邻,裙楼10层,为综合性商场;塔楼地下2层,地上58层,高229m,这个高度,居当时全国超高层建筑第6位。结构采用筒中筒的套筒体系,运用了无粘结预应力折线板等多项国内外先进技术。

应用最新技术、创造醒目形象的高层建筑,已经成为当今世界各国城市轮廓的控制线。从黄鹤楼隔江远望,汉口一带,高楼林立,现代建筑,气势恢宏。

进入90年代,以电子计算机为龙头的高新技术对建筑领域的影响日益增强。湖北各设计单位都相继开始了这一富于时代性的设计革命,从而为多方位引进和应用高新技术创造了良好的条件。

在迎接新世纪的冲刺年代,更有"中国光谷"落户武汉。

21世纪初建成启用的鲁巷广场和武汉·中国光谷光电子核心市场，运用成熟的网架结构和金属面膜高新技术，产生了外现柔性、内藏张力、国内少见的特异外观。

2.2.2 打造现代工业建筑的高科技新形象

湖北、武汉以其特殊的国土区位早在孙中山先生的建国纲领中就作为国家重要工业基地来考虑了。工业建筑设计也是集时代技术大成的重要领域。武汉高压试验大厅，就是集高科技技术为一体的大型建筑。由于结构设计理论和工业化建造方法日臻完善，普通的工业厂房结构柱网和建筑空间可以根据需要大幅度扩展，建筑形式也出现了多样化全新的创新形态。

伴随着高新技术革命、新兴工业的崛起，现代工业建筑设计理念已经突破传统设计方法、技术措施和建筑形式影响，不再局限为仅仅是配合生产工艺"穿衣戴帽"。在新的科学技术要求和条件下，湖北建筑师积极参与并了解生产过程，开始引进行业科学、建筑心理学、环境工程学和空间组合等新兴学科，构建现代工业建筑设计理论。最新理念的生态、绿色技术也开始在湖北现代建筑中露面。

同样有意义的是，各种不同类型、不同工艺要求的工业建筑，由于设计水平的提高和审美观念的更新，都获得了具有明显时代感的艺术造型及景观形象。

2.3 "楚风"民族形式现代建筑探索

民族传统形式与现代科学技术的有机结合是现代建筑从欧洲发源地走向世界各地继续发展的必由之路。湖北古称荆楚。具有楚文化传承的灵秀与放浪。保护、继承荆楚大地千百年来积累的丰厚历史文化遗产、发扬传统文化是湖北城乡进行现代化建设的重要课题。现代建筑创作再现"楚风"，为湖北建筑师孜孜以求的目标。而所取途径有两种：局部符号和整体意象。

2.3.1 运用传统符号的"楚风"现代建筑

古楚文化，时隔久远。建筑师根据遗存片段，从中抽象出某些符号，如黑、红、棕三色的组合色彩、底层架空、线型硬朗的大屋顶、曲弧下垂的屋面檐口、翻翘高扬的翼角、江南图腾凤鸟和水乡物产鱼藻为主的装饰纹样等等，结合环境，巧妙地运用一种或多种符号，点缀设计，以象征历史传统。

汉口的武汉博物馆，造型方正的主体馆楼处于中轴线高潮，建筑体量高大而略显封闭；粗大裸露的角梁，四出搭支，会于一点；上部覆盖蓝色方锥形屋面，檐内开梯形顶窗；主体前方左右两侧副楼，用了同样色调的蓝屋顶，样式则与古代的盝顶相似。

湖北省博物馆新馆总平面由三组建筑组合而成，纵深轴线、两进院落；左翼已于1988年建成，右翼和中堂设计沿袭建成风格，正在施工中；虽是现代功能的建筑，然而，群体布局及单体造型均模仿古楚制式意象；展室采用巨大的覆斗形大屋顶，高大的内部空间十分有利于展品的展示与收藏。

湖北省档案馆是一座高层建筑，紧邻东湖，平地突起；上部作了简化的传统建筑屋顶处理，采用金黄琉璃挂檐板；建筑外貌与风景区的山水环境格调取得协调。

碧波宾馆是一座具有民族特色的园林宾馆，建筑设计有意识地与环境融合，使之成为风景旅游区的一个景点。楚天大厦、丽江饭店则主要在平面功能与内部装修上，带有明显的楚文化特色。

湖北剧院，是在原址上拆旧重建的，更多地表现了中国传统特别是楚文化的建筑意象；其设计构思荟萃地段蛇山黄鹤楼等楚风建筑理念，传递了黄鹤、鼓琴、以及鄂西干阑的丝檐歇山之意。

像武汉世贸大厦那样的超高层建筑，也采用了深受楚地人喜爱的十字歇山脊，并加以简化，目的在于为了与紧邻的武广大楼高技派美学风格的顶部造型对比协调，同时提高自身的可识别性。

运用传统手法、摘取历史符号，以增加建筑空间和造型的人文气息，是当今现代建筑非常值得探讨的创作之路。

2.3.2 传达历史意象的"楚风"现代建筑

如何挖掘传统建筑文化所保留下来的有形遗产及其无形资产，也是现代建筑深入发展必然提出来的一个重要课题。20世纪七、八十年代，在全球范围出现的"寻根"热、旅游热，正逢中国改革开放的重要转折时期。市场经济发展的结果大大地促进了旅游业不断拓展。为了延续文化传统，也为了发展旅游事业，湖北地区和全国各地一样，也重建了一些古建筑，修造了一些仿古建筑。这些新建筑不一定都是沿用传统材料、传统工艺，在原地、依原样复建，也没有"修旧如旧"，而是参照史学、考古学、建筑学提供的荆楚建筑整体意象，加以仿造。它们虽用的旧形式，却换了新内容——现代材料、现代结构、现代尺度、现代功能——因而也可以归类为现代建筑。

武昌蛇山黄鹤楼，原址环境在建长江大桥以后有了很大的改变，就地重修已无可能。新建的黄鹤楼以清代旧楼为原型进行了艺术再创造。其外貌并非"楚风"，只能算是"楚地"历史的象征。楼高50m，平面正方形，四面各加抱厦，形成十二个折角；楼顶金黄琉璃、飞檐翘角。

汉阳龟山晴川阁，坐落临江"禹功矶"，按清末形式复建，两层楼阁、重檐歇山、青瓦反宇、红柱环廊。虽外观更显古香古色，但与黄鹤楼一样，实际上都是体量巨大的现代楼塔式旅游建筑。它们既能满足大量性游人登高揽胜的需要，又在现代化大都市高大、单调的建筑群包围的环境中，以突出的形象据山临江、搭建视廊，成为全城的地标。

东湖暂让西湖美，为了把武汉东湖打扮得比杭州西湖更美，几十年来，改造、建设持续不断。1986年，在东湖磨山兴建了"楚文化游览区"，总体规划中建设重点是风景区的主体建筑——"楚天台"。

战国时期的楚国地处长江中游今湖北境内。楚国的建筑今已无存，但大量出土文物展示，楚文化无比精绝，尤其是建筑艺术宏伟精美，成为当时列国竞相仿造的对象。参照《楚辞》文字描述及出土文物形迹设计的楚天台，建于东湖边磨山主峰山顶侧25m处；后楼利用山形，双层云台为基座；顶部三层卷棚歇山屋面；前殿黑红色调，屋顶上装饰鹿角立鹤钢雕仿木结构。整个建筑踞山临水，控制四野，远望形胜宏伟，有如京师颐和园昆明湖与万寿山之间的佛香阁。

近旁更筑有楚街市、楚城楼等一系列建筑，其细部处理，檐部、屋脊、门窗等都采用了出土文物中的装饰风格，使东湖公园变成一处很有"楚味"的现代建筑园林。

2.4 华中地域性现代建筑创作

这里所列举的"华中地域性现代建筑"的设计依据主要来源于湖北所处华中地区特殊的自然地理条件和境内现代城市赖以生存的文化历史条件。现代主义具有明显的功能主义本质，所以这是一条有生命力的现代建筑探索之路；这样的设计思路和作品，同时对周边地区也能产生示范作用。

2.4.1 特殊自然条件下的地区性现代建筑

从现代主义的建筑设计理念出发，存在于地方的特有条件。功能原则要求建筑设计首先考虑的应当是气候与物产。湖北素称"千湖之省"，正当华中冬冷夏热过渡性地区；武汉虽为"百水之城"，却居长江"三大火炉"之首。特殊的地理、气候条件极大地决定着当地的建筑特色。汲取、发扬本土性建筑的环境策略也是湖北现代建筑营造的原则。

和长江中下游过渡性地区其他地方一样，湖北建筑需要解决的头等大事就是探寻夏热冬冷特殊地区的建筑环境对策。今天，建筑节能和宜居环境的建筑观深入人心，而且已经是湖北建筑师自觉遵行的建筑设计准则。

早在20世纪60年代，湖北的建筑师们就结合武汉地区特点，设计出了一批带小厅的小面积住宅。这些新式的住宅，因在组织自然通风方面有所改进，而受到了普遍的欢迎。

20世纪70年代，湖北省曾经集中组织力量进行城市与农村住宅调研设计工作。建筑专业技术人员展开有关屋面及地下室防水、南方建筑的通风隔热等研究试验。经过科学研究和技术论证，找到一些解决武汉地区住房闷热问题的技术措施，做出了结合地区气候特点、平面布置和自然通风比较合理、具有较好使用功能的地方特色建筑。成功的实例有湖北省计量局住宅、湖北柴油机厂住宅、农机部武汉办事处住宅及武胜路实验性住宅等。

武汉市规划局办公大楼、鄂城墩西区综合楼、武汉市检察院办公楼等，这些建筑虽然功能比较单一，而且都有各自的类型特点和不同的使用对象与要求，但是由于地处湖北武汉，良好的热工环境创造，势必成为设计特色的首选。因此，结合环境与功能，合理布局，提供良好的朝向与通风以及足够的视野，这些都保证了武汉市规划局等一批建筑，通过平面布局与空间设计，实现了功能通畅、建筑节能、环境最佳。

2.4.2 现存人文环境中的地区性现代建筑

湖北现代建筑是湖北近代建筑的延续。湖北虽处内地，但有长江贯穿，可径达海域，故100多年前，外国列强得以持坚船利炮而长驱直入。本省沿江城市黄石、汉口、沙市、宜昌很快有西方经济和文化渗入，从而产生了第一批近代意义的城市和建筑。时过境迁，物是人非，近代及现代早期的殖民建筑遗存已经与本土固有文化遗产冶为一炉，构成湖北建筑文化风貌。

从建筑设计方法论角度来看，现代与近代的建筑设计基本上属于同样的方法体系，也就是建立在工业化生产方式与机械制图传播媒介基础之上。因此，近代的建成环境必然成为新时代建筑创作所要传承和借鉴的重要内容；而且，一般来说，距今天越近的东西，越容易对新的设计产生影响——这就是后现代建筑理论所谓的"城市文脉"。建筑师们当然也必然会在自己的设计中以各种方式对它们着意加以表现。

武汉三镇以汉口为商业贸易中心。中山大道近代已是汉口的主要商业街区，其中段两侧新开发的江汉路步行街，名闻遐迩，其中既保存了历史遗留下来的大量近代建筑风格，又运用不少老汉口地方特有的城市空间及街景元素，添加了现代城市与建筑设计意象。

享誉全国的汉正街，旧区改造如火如荼。这里的新建商店以及利济路商场，虽是中小型的商业建筑，但具有非常浓郁的老汉口地方特色。

历经几十年不懈的努力，湖北为探索中国现代建筑多种表现形式作出了自己特有的贡献。改革开放以来，我国进入思想活跃、创作繁荣的建筑新时代。湖北现代建筑的特色有了更多的例证，需要进一步给予整理和保护。

3. 湖北现代建筑的价值及其保护

现代建筑时期是中国几千年建筑历史沿革的重要阶段。湖北现代建筑集本地区现代政治、经济、文化、科技成果于一体，是湖北现代化建设历程的物质见证，尤其是作为湖北现代建筑的创业者、设计者和建设者，在其中奉献了自己辛勤的劳动、高超的智慧。人们创造性的工作业绩，凝聚并产生了湖北现代建筑多元的时代价值。

3.1 社会价值

3.1.1 现代建筑造就湖北社会主义建设的物质基础

湖北是中国内陆的重要省份，武汉是举世闻名的现代大都市。湖北、武汉据有特殊的地理位置和重要战略地位，拥有非常丰富的资源、能源，湖北的建设对于整个国家的发展起着至关重要的作用。湖北现代建筑所取得的成就正是国家重点建设湖北地区的结果。国家大量的投入，同时也奠定了湖北地区沿着社会主义道路进一步向前发展的前提和基础。

3.1.2 现代建筑记录湖北社会形态发展、演变的过程

现代湖北是共和国成长壮大的一个缩影。湖北社会主义建设按照国家统一部署逐步推进，无论是政权建设还是经济建设，也无论是"优先发展重工业"的建国初期，还是"三线建设"的困难时期，湖北地区均承担过非常重大的任务，发生了巨大的变化。这一切变化，全都记录在湖北的现代建筑上，可以说，现代建筑形态的演变书写了一部湖北现代化历程的史诗。

3.2 文化价值

3.2.1 现代建筑展示湖北对外文化交流成果

湖北现代建筑并非全然自发地产生于本土，而是接受外来文化影响以及广泛对外文化、学术交流的结果。建在湖北地区的现代建筑，或是有国外、省外的建筑师、工程师参与工作，或是引进的国外、省外建筑技术、思想、手法。西方的现代主义、后现代主义、新现代主义、极少主义甚至解构主义，在湖北现代建筑创作中，均有不同程度的表现。模仿、学习这些建筑风格流派的作品，表明湖北时刻力争与世界接轨、与全国同步。其结果，既拓宽了湖北建筑师的设计视野，又丰富了湖北的城市、乡村景观。

3.2.2 现代建筑是湖北历史的延续

建筑的发生、发展有其自身规律。湖北现代建筑在一定程度上是湖北古代建筑和湖北近代建筑的延续。现代建筑扬弃了古代、近代建筑中过时的部分，对其有益的部分则予以吸收、改进。因此，从现代建筑也能依稀看到历史的轮廓，引起人们对于传统的回忆。没有现代建筑，湖北建筑文化之链必有缺环而不完整。当代人正是通过自己的创造性建设把祖先留下的建筑遗产转交给后代子孙。

3.3 学术价值

3.3.1 现代建筑体现湖北建筑的技术成就

20世纪人类经历了机器与信息两次技术革命。建筑作为重要的工程技术产物，总是在不断地及时吸收并充分表现最新的科学技术成果。通过湖北现代建筑的编年系列，可以明显地看到中国以至国际建筑技术从无到有、从低到高的演进过程，看到一个历史时期建筑技术的发展水平。对这一过程进行比较研究，有助于把握建筑科学技术的某些规律，从而在此基础上获得更高的发展。

3.3.2 现代建筑表达湖北建筑设计的艺术水平

建筑具有艺术属性。湖北拥有一大批高水平的建筑师，他们穷毕生精力、竭终身智慧奉献建筑事业。湖北的现代建筑记载着建筑师艺术创作的成就。湖北的现代建筑作品中，有的表现出高超的建筑形式美手法，有的运用了巧妙的传统建筑艺术符号，有的成功地借鉴了其他国家、其他民族的建筑语言，有的则创造性地再现了世界上流行的新建筑风格。湖北现代建筑积累着建筑艺术创作的宝贵财富。

3.3.3 湖北现代建筑研究的证物、史料背景

湖北现代建筑已经到了应当而且能够开始立项进行专题研究的时候。许多现存于湖北全省境内的现代建筑物及工程构筑物都是极有价值的例证。从这一点看,那些由于种种原因已经被毁、不复存在的优秀现代建筑,确实令人难以从记忆中抹去,因此,现代建筑保护需要提上湖北文化建设议事日程。

湖北在古代、近代建筑的保护方面取得了很好的成绩。经过国家和地方政府以及专家学者几十年不懈的努力,人们不仅认识到古建筑遗产保护的重大意义,并在古建筑保护方面做了大量的工作。近十几年来,湖北各级政府、部门也渐渐看到近代建筑保护的价值。

但是,一般人还没有想到现代建筑也需要保护。湖北的现代建筑受到破坏的例子十分典型。最值得记取的是武汉展览馆于1995年被彻底炸平,为的是重建一个新馆。而与其同时代、同背景建造的北京、上海的场馆却都不但保护下来,而且正发挥着前所未有的城市功能。

现代建筑保护是一项复杂、艰巨的任务,理论研究一定要先行。只有经过科学研究,才能使管理者、使用者,包括设计建设者真正认识到现代建筑保护的必要性并从中寻求到加强保护的规律方法。历史的教训也在警示决策者、投资者不要再蹈随意拆毁的覆辙。

本卷从一个局部或从一个侧面展示湖北现代建筑所取得的辉煌成就,以及为了达此目的所经过的光荣而艰难的创作历程。湖北现代建筑来之不易,希望通过本书能让人们记住它们,爱护它们,承传它们。

注释:

[1]邹德侬.中国建筑史图说·现代卷.北京:中国建筑工业出版社,2001.8:目录

[2]邹德侬.中国现代建筑史.北京:中国建筑工业出版社,2001.5:184

第二章 办公金融建筑

第二章
办公金融建筑

1. 办公建筑

湖北省武汉市从新中国成立起，很长一段时间是中南局和武汉军区所在地，同时驻有省、市机关。20世纪50年代建造了最早一批政府办公建筑，如武汉市委办公楼。

改革开放以后，随着经济交往的频繁，办公建筑的设计出现了新的特点。很多办公建筑开始向生态化、智能化、景观化、高技化趋势发展。世纪之交落成的新的湖北省政府办公楼，就是如此。在建筑功能方面，出现了单一向多元的过渡。从而使得办公建筑的类型也大大增加了。

20世纪90年代以后，湖北出现了以集中经营、分散出租方式运作的办公建筑——写字楼。这类建筑在结构形式上经常为高层建筑，也可以看作是高层建筑与办公功能复合的产物。

办公建筑由于形象突出，结构复杂，并常有与境外设计单位合作设计的范例，也给湖北现代建筑增加了新的元素。武汉建银大厦就是这样的建筑作品，风格迥异的双塔，成为城市的地标建筑。

办公楼建筑一般功能比较单一，但它们有各自的特点和不同的使用要求与对象。建筑设计必须结合环境，特别是高层建筑体量巨大、数量相对较少，因而在外观造型上要求有较大幅度的创意，才能胜出，成为所在区域的标志。

2. 金融建筑

20世纪80年代中国人民银行作为央行，其职能转为以管理为主，以下则是中国、建设、工商、农业等各商业银行平行割据的金融业务系统，此外，还出现了证券交易所等新型金融机构。金融建筑虽有统一的建筑模式，然而，金融建筑财力雄厚、功能要求高、地域分布广，省、市、地、县的金融建筑无一例外地构成当地的一道风景线。

3. 实例

武汉市委办公大楼
泰合广场
江汉区政府办公大楼
武昌区机关新办公大楼
湖北省人民政府办公大楼
武汉世界贸易大厦
武汉国际贸易中心
丝宝大厦
武汉中联医药科技园综合办公楼
洪山区政府办公楼
长航广场
湖北建设大厦
湖北省信息产业厅信息产业科技大厦
武汉市人大常委会办公楼
黄石市政府办公楼
大冶市地税局办公楼
宜昌秭归县政府办公楼
宜昌兴山县人民法院
宜昌清江大厦
三峡开发总公司西坝办公楼
咸宁市国土局办公楼
建银大厦
人民银行武汉分行金融大厦
湖北农业银行大楼
华银大厦
瑞通广场
武汉中国民生银行大厦

武汉市委办公大楼——（原名中南局办公大楼）位于汉口解放公园西侧。1950年动工，1952年建成。建筑面积9661m²，楼长121.4m，宽15.6m，高5层（总高21.44m）。建筑平面由中部及对称两翼组成。中部（21.8m×15.6m），底层前部为锅炉房，楼梯直达顶层，二层为门厅上部采光井，两翼4层为办公用房。

大楼外观

第二章 办公金融建筑 **27**

会议室内景

报告厅内景1

报告厅内景2

泰合广场——地处武汉市的中心地段，是一座集写字楼、商场、餐饮、娱乐于一体的多功能超高层建筑。主体写字楼47层（含地下两层），附楼地上6层，主楼总高174m。总建筑面积73500m²，1996年建成。地下两层分别为停车场及设备用房。主楼采用筒中筒结构形式，底下4层（含地下两层）由于使用功能与立面形式的要求采用框支剪力墙结构。主楼平面根据艺术造型的需要采用纵向对称，横向不对称形式，内筒较偏，纵向刚度较弱。泰合广场是一座高标准、综合性、智能型甲级写字楼，具有国际先进水平的"5A"设施，楼内全部采用原装进口设备，实行计算机系统管理，双回路供电系统和高压供水系统——全自动蓄水装置确保业主24小时用电、用水。

建筑设计采用主体塔楼与裙楼分开设置的方法，新颖、别致，使174m的超高层建筑拔地而起、巍然屹立，为武汉市增添了一个重要的城市景观。

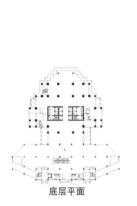
底层平面

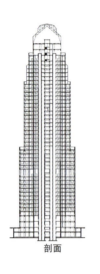
剖面

立面

外观局部

全景鸟瞰

江汉区政府办公大楼——位于武汉市新华下路，地理位置显要，环境优美，交通方便。大楼地下1层，地面22层，属于综合性高层建筑，总建筑高度78.6m。总建筑面积51876m²，2000年建成。大楼设计注重对城市空间的塑造，用建筑形体语言体现政府办公楼特征。交通组织顺畅合理，平面功能简洁实用，是一座低造价、高品质的公共建筑典范。

办公楼外景

武昌区机关新办公大楼——地处武昌中山路与武青三干道交叉口，是武昌区委、区政府、区政协、区人大、区纪委的办公新地址，是武昌区的行政中心。基地用地面积约1.33hm^2，总建筑面积22302m^2。1998年建成使用，主要功能为办公、会议等。总平面布局上采用对称手法，建筑物面对交叉路口采用整体弧面，其建筑中心线与道路中心线的交叉点联线形成轴线，建筑物沿该轴线对称展开布局。为使建筑物与周边环境融为一体，建筑物前后均留有绿化用地，建筑物的高度与前绿化广场深度之比约为1∶2。建筑物四周设有环形车道，流线明确、简洁。会议大厅位于办公大楼一层的中后部，建筑底层架空为停车场。

建筑造型设计从机关办公大楼的特点入手，从用地的整体出发，并考虑到其他整体及城市发展，力图创造出一个庄重、大方、简洁、明快、具有时代气息的现代化办公大楼。

大楼全景

入口外观

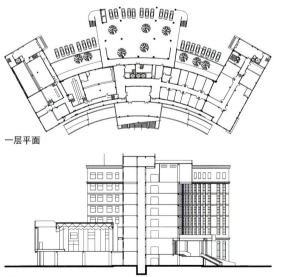

一层平面

剖面

湖北省人民政府办公大楼——位于武昌洪山路原政府大院内,建筑地上12层、地下1层,总建筑面积35000m²。2002年建成,其主要功能为政府机关行政办公,兼具接待、会议等多种功能,配套设施齐全,建筑顶层设有直升机停机坪。整个大楼的设施先进,符合现代办公要求,是一座具有较高智能化的综合办公建筑。大楼呈中轴对称布局,体形错落有致,庄重、典雅、大方,气势非凡。设计手法上采用古典与现代相结合的方法,运用石材与铝材这两种完全不同的材料组合,表达出尊重传统,面向未来的设计主旨,在体现传统文化特别是荆楚文化与现代设计方法之间进行了有益的探索。

总平面

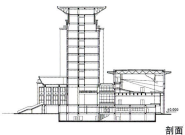

剖面

外观局部

全景透视

武汉世界贸易大厦——地处武汉市繁华的商业中心,与武汉商场相邻。大厦裙房为综合性商场,每层建筑面积3500m², 共10层。塔楼为可灵活分隔式写字楼,标准层建筑面积1500m², 大厦地下2层,地上58层,总建筑面积165678m², 地面高度229m。

大厦立面和环境空间设计采用了多元体块与符号的设计手法,并将其巧妙地点缀于裙楼,与主楼互相呼应。以中国建筑中最具代表性的十字脊屋顶加以简化提炼,进行多元化有机组合,分段向上收进,形成独具特色的建筑顶部,取得了完整的建筑形象,并且赋予建筑以鲜明的时代性和标志性。

大厦结构采用了筒中筒体系,运用了具有国内外先进水平的无粘结预应力折线板等多项技术,降低了建筑层高,提高了投资效益。

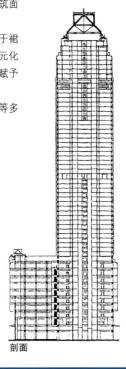
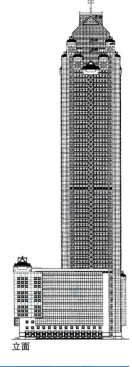

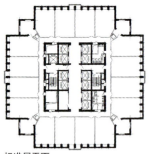

标准层平面　　　　　　　　　　　　　　　　剖面　　　　立面

中庭

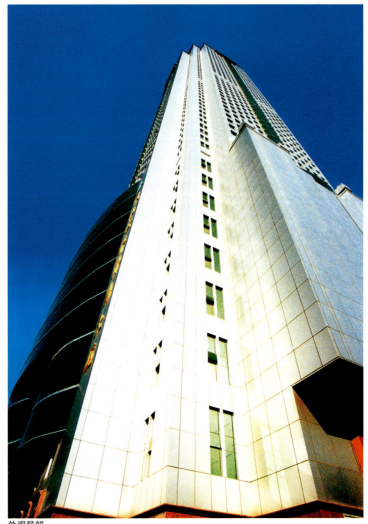

营业厅内景　　　　　　外观局部

第二章 办公金融建筑 **33**

全景透视

武汉国际贸易中心——位于汉口建设大道与新华小路交汇处，地处武汉市金融中心区。中心由国贸大厦、商贸附楼（新世界百货）和国贸新都（带多层车库的高层公寓A、B座）构成宏大建筑群，总建筑面积215000m²。

国贸大厦以其212m的高度雄踞三镇。由于设计和施工运用了多项高新技术，该工程被建设部确定为全国首批科技示范工程。大厦地下3层，地上53层，建筑面积145000m²，设有国际贸易商品展览中心、国际商务信息中心、国际金融中心、高级写字间以及商务洽谈、健身、餐饮等多种公共活动用房及设施。大厦结构采用钢筋混凝土筒中筒体系，内外筒之间采用无粘结预应力密肋楼盖，造型简洁。

门厅

内景

沿街外景

丝宝大厦——是丝宝集团设在中国大陆的总部。建筑位于武汉市黄浦路，地下1层，地上21层，总高度81.450m，总建筑面积16695m²，1998年竣工，其主要功能为办公及商务等。平面设计中，交通枢纽及辅助用房设置在建筑的后部，使办公区域成为空间完整的景观办公室。立面采用弧形玻璃幕墙与铝幕墙饰面，具有强烈的时代感。

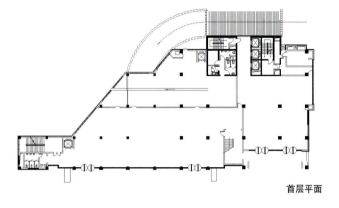

首层平面

沿街外景

入口局部

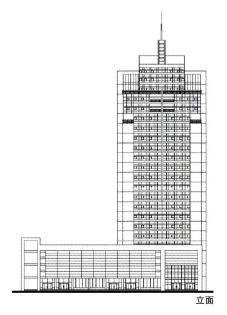

立面

入口外观

武汉中联医药科技园综合办公楼——位于庙山开发区武汉医药科技园内,主体建筑7层,总高度23.70m,总建筑面积9000m²,2002年建成。建筑平面以圆弧形展开,形成开阔的前广场,辅以喷泉、绿化、景色宜人。该办公大楼是集办公、接待、会议为一体的综合性公共建筑,主体底层架空,用于停车。一层以上为办公、接待、会议用房附于主体建筑背面,使其与主楼既相互独立又相互联系。造型以横线条为主,舒缓大方,主入口处点缀不锈钢玻璃雨篷及部分玻璃幕墙,使建筑活泼、新颖,打破了办公建筑过分严肃的格局。

入口外观

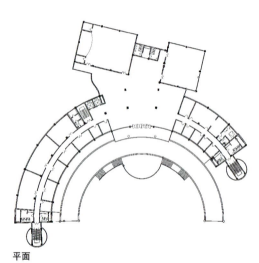

平面

办公楼全景

平面

外观局部

洪山区政府办公楼

入口外观

办公楼外观

长航广场——位于武汉市汉口沿江大道王家巷路段，原海员文化宫院内。该工程用地面积 5850m²，建筑占地面积 1508 m²，总建筑面积 40330 m²（其中：地上建筑面积 38960m²，地下建筑面积 1370 m²），地上 32 层，地下 1 层，地面高度总计 116.40m，标准层建筑面积 1350 m²，标准层层高为 3.30m。地下层为设备用房，地上一层及夹层为门厅，消防控制室、休息室、会议室等，二层以上为写字间，其中十四层为避难层，三十二层为观光厅，中间核心筒内集中设置乘客电梯、消防电梯、疏散楼梯、公共卫生间及开水间。结构为框架剪力墙体系，桩筏基础。

该工程为写字楼，功能齐全，建筑立面和顶部设计富于变化，内部空间设计合理，建筑与空间使用构造达到完美的统一，产生了良好经济、社会和环境效益。

长航广场外景

湖北建设大厦——位于武汉武昌中南路繁华地段，是集商业、办公于一体的大型综合性建筑。地下2层，主要为地下车库，裙房6层，主要功能为多功能商场，主楼26层，呈双塔布局，因使用功能不同，双塔的标准层面积略有不同。建筑形态的设计以城市设计的角度为基点，在建筑与城市街道空间的关系及建筑物本身的自我形象表达上取得协调统一。

湖北建设大厦外景

湖北省信息产业厅信息产业科技大厦——位于武汉市武昌东湖新技术开发区内吴家湾，西临南湖之滨，北邻邮科院紫菘花园。建筑总高度78m，地上19层，总建筑面积28880 m^2，2004年竣工。由于地形狭长（东西长100m、南北宽40m）及功能的需要，办公主楼呈一字型展开布局。办公主入口设于北侧规划道路边，南面底层设裙房展示大厅入口，直接面对广场和公共绿地。

设计上整体外型采用对称的形式，体现了政府办公庄重、典雅与气派的形象。本设计的最大特点是主楼三面内收的大片弧形实墙与中部窗洞的强烈虚实对比，其造型个性含义一是形似电子元件芯片，喻其为信息产业的象征；二是"内聚"，指广纳天下有识之士和聚敛财富。

入口外观

大楼全景

武汉市人大常委会办公楼——该项目位于武汉市江岸区沿江大道与四唯路交汇处，规划用地面积1万m²，建筑面积1万m²左右，建筑地上6层，半地下1层，2004年8月竣工。

建筑布置面向沿江大道，并后退沿江大道58m，使得建筑主入口前形成气派的广场。在单体建筑设计中，办公楼主体呈U型轴对称布置，在办公楼的后部附有餐厅及会议裙楼，建筑主体与裙楼相围合使中间形成内庭院。主入口的大厅设计采用两层高的空间挑空，结构高度达9.6m，以此创造良好的大厅室内气氛。大会议厅8.4m高的结构高度充分考虑了使用空间的要求。半地下室的运用，较好地补充了室外停车场地的不足，同时充分考虑了造价因素。设备用房设在地下，可节约用地并减少各设备对办公的干扰，同时减短各设备管线的距离。各层次屋顶平面拟进行充分绿化，结合室外场地的绿化布置，希望构成一个立体的绿化体系。

建筑物的造型设计力求庄严、大气，试图在沿江大道这一特定的环境之中，通过过去、现在与未来的对话，实现继承与发展的完美统一。

办公楼外景

黄石市政府办公楼——位于黄石市经济技术开发区团城山行政小区内，建筑面积为1.25万m^2，建筑高度是23.85m，主楼7层。全楼平面呈"E"字型，主要办公用房朝南，面向人民广场，既考虑了日照又安排观景需要。西翼设辅助用房，中间突出部分为大型会务中心及附属设施。主楼共设楼梯三座（其中有两部疏散楼梯），电梯两部（其中一台预留井道）。

外立面与市委办公楼进行了协调处理，增设车道和六根立柱，正面踏步西侧加设能反映黄石地方特色的雕塑台，既丰富了正立面景观层次，又能融入一些地方特色。为体现政府办公建筑的庄重和大气，立面线条利用窗间墙和扶壁柱，以竖向为主，形成柱列效应，中间穿插水平线条增加序列感，并在窗下集中设置铝合金空调格栅，也增加了建筑的细腻和时代感。主楼两侧布置两块实体墙面，进一步加深厚重感和虚实对比。大楼顶部和基座分别用线条和不同的墙面材料进行划分，配合飘檐等手法使立面具有比例和谐、造型简洁、整体稳重大方的外观效果。

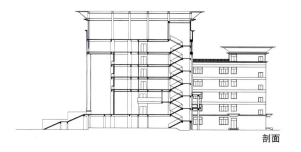

剖面

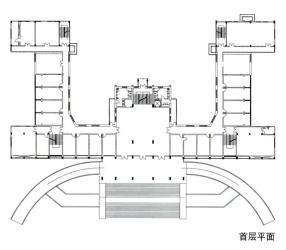

首层平面

外观立面

大冶市地税局办公楼——位于大冶市新冶大道,由主楼和附楼组成,主楼有地下室,作为设备层和停车场。地上7层为办公场所,建筑面积为5378m²。附楼设有餐厅、娱乐、住宿（20多张床位）和多功能厅,建筑面积为1000m²。

建筑用地为南北向73m,东西向160m的矩形地块,大致分为两大部分,东为建筑用地,西为花园绿化用地。办公楼的主要办公用房沿南北向布置（垂直于主干道）,辅助用房平行于主干道布置,形成一个"门"字型,开口一方对新冶大道,正好可成为主入口,这样布局,既解决了办公用房的朝向问题,又尊重了城市主干道的景观效果。利用退后红线的空间而形成的楼前广场,可以丰富整个办公区的城市景观视觉效果,又为办公楼的主入口提供了一个缓冲空间。

平面功能：主楼半地下室是车库及设备用房。一层设有大堂、电梯厅、卫生间及值班室和办公室,二层主要是开敞式景观办公区,并设有一间接待室。三至五层是领导办公区和小型会议室。六层是一般普通办公用房。七层是大会议室及中型会议室。另外每层均有一间库房。

立面造型：为体现现代行政办公建筑的高大与端庄,采用了一些大比例和大尺度的造型手法,通过几何对称,恰到好处地诠释着凝重的造型美。

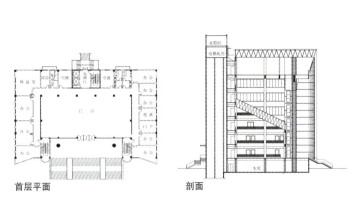
首层平面　　　　剖面

大厅内景

沿街立面

宜昌秭归县政府办公楼

宜昌秭归县政府办公楼外景

宜昌兴山县人民法院

宜昌兴山县人民法院外景

宜昌清江大厦

宜昌清江大厦外景

三峡开发总公司西坝办公楼

三峡开发总公司西坝办公楼外景

咸宁市国土局办公楼——总建筑面积4856 m^2，2001年竣工。该办公楼位于咸宁市温泉开发区咸宁大道上，设计创意主要体现为：创作现代的人性化办公楼，力求朴实、典雅，摒除商业气息，体现时代精神，呼应城市环境。

建筑平面布局开放、灵活。一层平面设置门厅和对外服务区、消防控制室、门卫、值班等房间，二层为共享大厅和单间办公室、健身房等，三～六层标准层为单间办公室和大空间办公室相结合，七层则是大会议室与屋顶花园相结合。

立面造型简洁大方，充满现代气息。其中6层高的大门洞，既满足控制面积的需要，又能通过门洞借阅建筑背后的优美山景。

咸宁市国土局办公楼外景

建银大厦——位于建设大道和新华路交叉口处,处于汉口繁华地带,是一座多功能综合性的超高层大楼。大厦主楼高约260m,根据地形、地貌条件和建筑性质要求,大厦由50层高的长方形办公大楼和28层高半圆形酒店组成,一至五层为综合性服务裙房,地下2层为停车库和设备用房,总建筑面积12万 m^2,1998年建成。整个大厦功能齐全,分区明确,进出交通各行其道,互不干扰,便于管理。

整座大厦由灰绿色镀膜玻璃和白色的金属幕墙形成基本色调,酒店的屋顶采用平顶和挑出的环形构件装饰如戴上皇冠一样,西办公大楼的屋顶如金字塔般高耸入云,建筑造型新颖,错落有致,不仅满足其使用功能要求,而且丰富了城市街景。

酒店大堂

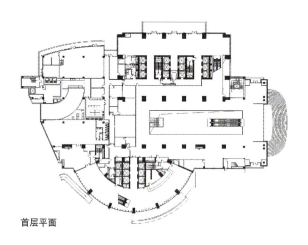
首层平面

办公楼大堂

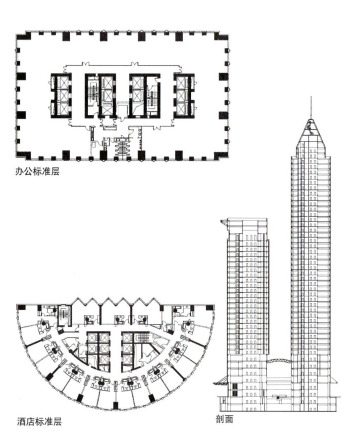
办公标准层

酒店标准层　　剖面

湖边夜景

外观全景

人民银行武汉分行金融大厦——位于武昌洪山广场、中南路与民主路交汇处，主入口面临中南路。该大楼平面呈L型，地上30层，地下3层，建筑高度99m，裙楼高36m，总建筑面积44088 m²，1998年建成。建筑外观用银灰色铝幕墙和绿色玻璃幕墙组成，裙楼干挂花岗石实体所体现的基座感与主楼弧形玻璃幕墙所表达的舒展气质形成刚柔相济、虚实对比的变化，充分表现出金融中心的庄重及现代化建筑特征，屋顶塔楼人字形铝幕框架更增添了大楼的标志性。

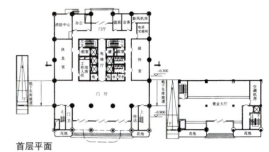
首层平面

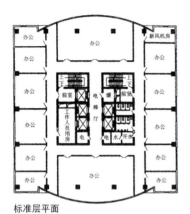
标准层平面

总平面

沿街外观

入口外观

屋顶局部

营业厅内

湖北农业银行大楼——湖北农业银行大楼地处武昌中北路东侧，建筑高度99.9m，由1层地下室、5层裙楼、两幢近100m的高层建筑组成。总建筑面积70350 m²，1998年建成。地下室为设备用房和地下车库；裙楼一至五层为商场、餐饮及娱乐层。两幢高层分别为公寓式写字楼和湖北农业银行办公楼。以办公楼为造型重点，通过方形切角和八角形平面过渡到圆形穹顶形成高潮。高层以竖线条造型和裙楼的舒展相对比，裙楼以连续拱券和玫瑰形花窗形成精致的细部。写字楼外墙装修首次采用墙面砖仿铝合金做法，典雅气派。

屋顶局部

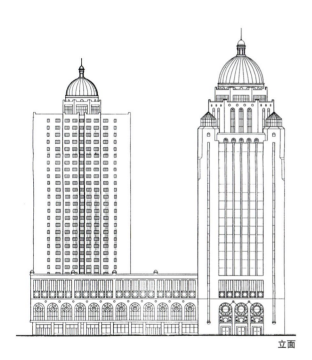

立面

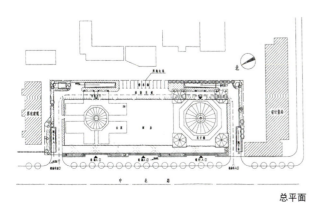

总平面

入口外观

52 湖北现代建筑

全景鸟瞰

华银大厦——位于汉口建设大道与香港路交汇处,主楼28层,建筑高度100m;附楼18层,建筑高度63m,总建筑面积56000 m^2,1998年底建成,是一座以金融为主体业务的大型综合性建筑。

大厦由两部分组成,西侧一栋为28层金融业务楼,采用钢筋混凝土中筒外框架结构形式,地下层为机电设备用房,地上一至三层为银行营业厅,三层以上为银行办公用房及多功能会议厅。东侧是一组由18层和15层组成的公寓楼,一至二层为银行营业厅与主楼营业厅连成整体。

大厦立面由银白色铝幕墙与银蓝色玻璃幕墙构成,通过水平带形窗的设计将主楼与附楼连贯成一体,并运用主楼与附楼交接处的镂空和主楼入口处弧形体量的穿插等现代建筑造型手法,强化了金融建筑的个性特征,丰富了城市干道的街景。

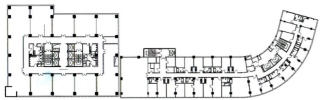

标准层平面

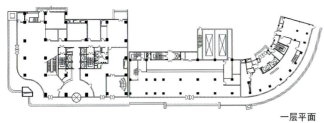

一层平面

入口外观1

入口外观2

全景外观

瑞通广场——坐落在汉口建设大道上，地处武汉市金融中心区，是一座建筑综合体，包括有A、B两座28层高的塔楼以及连接塔楼的4层裙楼，并有一栋8层的停车库与之相连。总建筑面积约为103600 m²，塔楼高105m。塔楼为大空间灵活分隔式写字楼，裙房为银行的营业厅等业务用房。总平面布局结合道路口的地形，使A座更多地后退道路红线自然形成开敞的城市绿化广场，底层大厅由边柱后退形成3层高的长柱廊，成为有机联系室内外的灰空间，营造出高雅的建筑环境。大厦造型简洁庄重，体现了鲜明的时代风格。

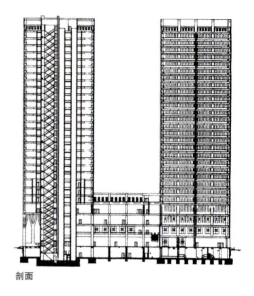

剖面

总平面

外观局部

广场夜景

大堂内景

沿街透视

武汉中国民生银行大厦——位于汉口建设大道与新华路交汇口喷泉公园西侧，地处武汉市金融中心区，南面紧临环亚大厦，与中银大厦、国贸大厦相望，西北面正对建银大厦，背靠喷泉公园。大厦总建筑面积134750m²；地下3层，地面以上68层，建筑总高度282.8m，包括天线高度则为326.1m，该大厦是集证券交易、餐饮、娱乐、写字楼、五星级酒店为一体的超高层建筑，也是目前武汉市的建筑第一高。

该大厦的南、北裙楼分别为9层和4层，一至四层建筑面积为3380m²。底层设有银行大厅、证券交易厅、办公入口门厅、酒店门厅、消防控制室及各类辅助用房；二至九层分别设有证券贵宾室、办公室、宴会厅、各类中小餐厅、咖啡厅、会议厅、健身房、美容中心、游泳馆、网球馆及各类设备用房等。

68层主楼采用正方形平面形式，每层建筑面积1812.2 m²。主楼10~40层为商务写字间，41~66层为五星级酒店，设有标准客房551间，普通套房41套，商务套房15套，总统套房2套。68层为观光层。

立面造型力求简洁、美观、新颖，赋予时代气息；大型玻璃窗与金属隔板隔片结合，充分体现建筑的文化风格。大厦十层以下外框内筒钢骨混凝土结构，十层以上内筒外框钢柱体系。

建设中的大厦

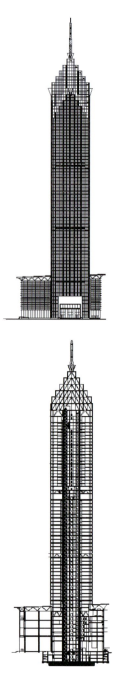

沿街立面、剖面

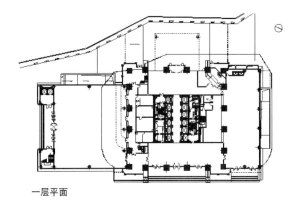

一层平面

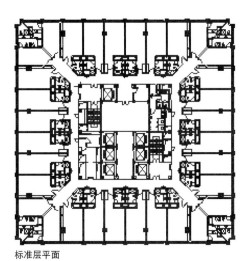

标准层平面

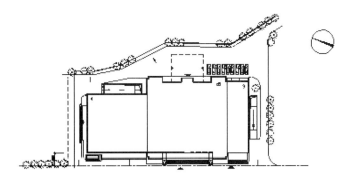

总平面

第三章 商业宾馆建筑

第三章
商业宾馆建筑

1. 商业建筑

湖北的商业建筑在近代曾经有过极为发达的时期,可以说直接造就了湖北现代商业建筑的基础。20世纪50~70年代,由于商业的经营模式全是国营,功能单一,导致建筑形式也较单调。50年代末建造了著名的武汉友谊商场,可以作为当时商业建筑的典例。

20世纪80年代以后,由于市场经济的需要,从国外引进了新的经营模式和新的建筑形式,商业建筑在设计理念上发生了根本性转变。武汉著名的中南商业大楼,在设计理念上首先进行了创新并取得了良好的效果。

商业建筑的布局不仅从平面展开,而且向立体化发展,鲁巷广场这样规模并不大的商场,不但设有几乎与底层同样大小的地下营业厅,而且开辟了通高到顶的"中庭"空间。"中庭"是湖北城乡大中型商场建筑的基本空间手法和主要特征。

其次,产生了以商业"核"为中心的商业建筑"群"。武昌的中南商业大楼、中商广场与世纪中商;汉口的武汉商场、武汉广场与世贸广场都是如此,以姊妹大商场为龙头,联带附近的商业街、食品街、连锁店、专卖店,鳞次栉比,组成了左右城市格局的巨大的商业片区。

再次,20世纪80~90年代湖北各大城市相继出现了从国外引进的新的商业建筑类型:外资、合资的大型商场、多功能超市;新的经营方式:集销售、餐饮、文化设施、美容及修理、综合服务于一体。武汉亚贸广场堪称代表。

现代商业建筑的一个典型特例就是商业综合体。它的功能组织原则是根据当代城市生活的特点,尽可能在一栋或一组建筑群内,以满足顾客的各种消费需求,从而营造具有魅力的综合性商业服务环境。因此,人们往往用"商业航母"来概括它的内涵,国内称为"销品茂"(英文"Shopping Mall"的译音)。武汉第一家"销品茂"——万达商场于2004年11月在汉口中山大道商业街开业,该商场由3栋商业楼及2条步行街组合而成,商业楼总建筑面积约13万m^2,总投资近12亿元,集沃尔玛购物广场、华纳万达影城、大洋百货、美食广场、家电广场等国内外超一流企业于一体,是汉口目前最大的一站式购物中心。2005年8月位于武昌徐东大街上的武汉销品茂开始试营业。武汉销品茂总投资8亿元,总建筑面积达18万m^2,系华中地区规模最大、功能最全的大型购物中心。

另外,在建筑模式上,如佳丽广场,体现了高层建筑与商业活动的功能复合。

2. 宾馆建筑

湖北在50年代就有过以满足长期逗留为主的旅馆建筑,如苏联专家招待所。70年代,武汉就建成当时国内较早出现的高层宾馆晴川饭店。80年代以后,为了促进与国际接轨,一些大型国企建造了类似的专家宾馆。武钢科技交流学术中心是其中颇有设计特色的一幢。同样,为了加速教育国际化、现代化,各个大学也纷纷建起了"外招",供前来协助办学的境外专家居住。由于住期长,设计时,考虑了居家式使用方式,配备了厨房。

改革开放以后,湖北的宾馆建设,受到西方早在20世纪50年代兴起的"无烟工业"旅游业的影响。随着外事、政务、商务活动频繁,旅游事业的发展,极大地刺激了旅馆、宾馆建筑的发展。

新时代的宾馆建筑,增加了外资、合资、独资的建设模式;扩展了新的功能内容,一般都兼营接待、旅游、商务、会议、宴饮等多种业务,相应地创造出新的建筑空间及设施。90

年代武汉已经有了首家五星级宾馆建筑——香格里拉大饭店，建筑面积64445 m²、主楼21层，设有总统套间和酒店服务公寓。

宾馆的建筑形式大都采用了高层，并且刻意追求个性化体量、造型。如武汉亚洲大酒店。也有不少迎宾馆，继承中国传统，沿用了园林建筑形式，如武汉东湖的碧波宾馆、襄樊的南湖宾馆"临湖"、"依城"而建，馆内庭院置有小桥流水、照墙漏窗。

与此同时，湖北宾馆的建筑类型也增加了。宾馆建筑的主流为短住型，它们中除了建在城市中心区、机关单位内部外，有的结合交通枢纽而建，为旅客提供附属服务；有的配合古迹名胜地建设，成为风景旅游区的一个景点。

东湖宾馆
东湖宾馆百花苑
武汉亚洲大酒店
武汉天安假日酒店
白玫瑰大酒店
东方大酒店
武汉香格里拉大饭店
武汉华美达天禄酒店
襄樊南湖宾馆

3. 实例

武汉商场
中南商业大楼
同益大厦
佳丽广场
武汉广场
中商广场
武汉鲁巷商业服务中心
万达商业广场
武汉销品茂商场
武汉钢铁公司外宾招待所
长江大酒店
晴川饭店
武汉惠济饭店
东湖碧波宾馆

武汉商场——本工程为改建、扩建项目。总建筑面积为18000m²。平面呈矩型，东西侧营业厅与中央营业厅环抱一起，使顾客能环形流通。中央大厅与东西两翼之间自然形成二个内院，适当解决自然通风与天然采光问题。三个主要营业厅既联又分，有利于防火分区。火警时关闭金属卷帘闸门，切断通道，防止火势蔓延。

改造后大楼全部采用集中空调，解决空气污染及夏季降温问题。并增添了咖啡厅、超级市场、彩印中心、美容厅及游乐场所。全部室内装修豪华美观。

整个工程虽为改建、扩建项目，但给人自然和谐无拼凑之感，宛如新作。

外景

中南商业大楼——中南商业大楼建筑群（包括中南商业大楼、湖北省外文书店、湖北省文物商店）位于武昌中南路，1982年设计，1984年建成，总建筑面积40500m²。

三个商店沿街总长度为205m，坐西朝东，街景设计中交替出现开朗与封闭的空间，天际线峰谷顿挫，使三个商店都能突出自我，但又相辅相成。利用自然地面高低不平的地形，做半地下室提高一层营业厅楼面标高，增加了建筑物基座的高度。

外景

同益大厦

外景

佳丽广场——佳丽广场坐落在汉口商贸中心地段，是一座集购物、办公、金融、餐饮、娱乐等于一体的大型综合性建筑，规划总建筑面积 27.3 万 m^2，第一期工程建筑面积 19.14 万 m^2，地下 2 层，地上 57 层，总高 226.4m。该大厦地下二层为小车库，地下一层至地上八层为商业裙房，九层屋面为部分设备用房，十层至十五层为写字楼。建筑设计构思新颖，既有现代建筑的特点，又能与江汉路一带历史性建筑相协调。超高层主楼采用钢筋混凝土筒中筒结构体系满足了商业空间灵活性的需要，楼内设备先进，符合现代化智能大楼的设计要求。

剖面

入口外观

标准层平面

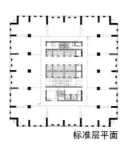

标准层平面

立面仰视

湖北现代建筑

全景鸟瞰

武汉广场——武汉广场坐落在武汉市宽阔的解放大道上,与著名的武汉商场相毗邻,位于汉口商业中心地段。项目占地1.08万 m²,总建筑面积17.3万 m²,1997年竣工。是一座集商场、写字楼、公寓、餐饮、娱乐、康乐于一体的多功能现代化建筑群。它由一幢主楼(含地下2层,共计51层)、两幢副楼(34层)及8层裙楼组成。主楼为写字楼,总高186m,具有国际5A智能化功能[即楼宇(BA)、通讯(CA)、办公(OA)、安全(SA)、停车(PA)],全部实行自动化管理,体现了21世纪办公楼高科技新理念。3800门IDD国际电话、PDS结构综合布线系统可直接加入亚洲通讯卫星实现全球IDD通信联网。

入口外观

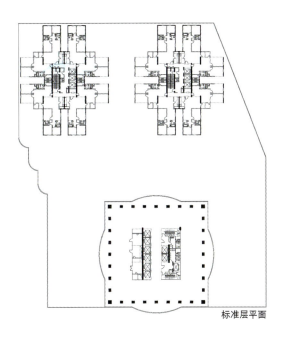

标准层平面

商场内景1

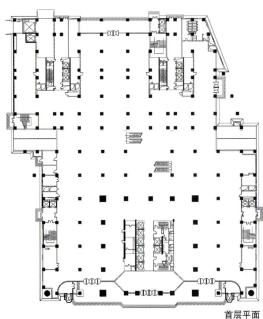

首层平面

商场内景2

沿街外景

中商广场——中商广场地处城区新的金融商业中心中南路，集购物中心、商务办公和地下停车场等于一体，地下3层，地上45层，建筑物地面高度180m，总建筑面积11.2万㎡，1999年竣工。

该建筑平面功能合理，造型气势雄伟，180m高的主楼与90m长的裙楼构成垂直体量与水平体量的均衡、高低强烈对比，相互衬托。主楼外凹两片弧形，外墙采用灰绿色面砖饰面，与主楼大面积的浅米黄色面砖形成强烈的色彩对比。裙楼外墙采用铝板幕墙，正立面入口采用2层高的大玻璃幕墙，突出了商业气氛，而写字楼的大堂则气派堂皇，格调显赫。

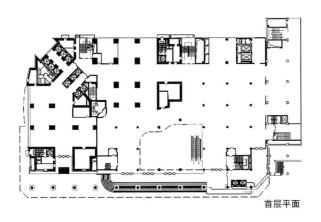

首层平面

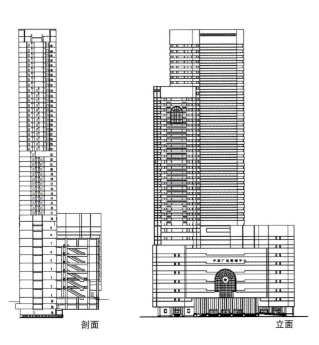

剖面　　　立面

商场中庭

办公楼入口

全景鸟瞰

武汉鲁巷商业服务中心——武汉鲁巷商业服务中心位于武昌鲁巷口，集四星级酒店、大型市场、多层停车库于一体，是具有完善的综合性社会服务功能的建筑群体。总建筑面积10万m²，2000年建成。酒店设地下设备层，地上30层分别为裙楼、标准客房、总统套房、旋转餐厅等；商场营业大厅共5层，沿城市主干道两侧设主入口，建筑中部形成巨大的开放式购物空间，在空间中部围绕中庭设自动扶梯联系各层购物大厅；多层停车库设地下停车1层、地面车库2层，各层角部空间设疏散楼梯和通风管井。

造型设计上，将旅馆与商场连成一气，高层旅馆直接落地，使建筑在高度和体量上与巨大的广场相互协调，采用新颖的大板块组合嵌入玻璃幕墙的手法，体块组合明快，具有强烈的时代气息。

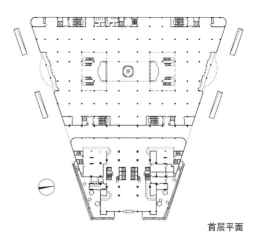

首层平面

入口外观

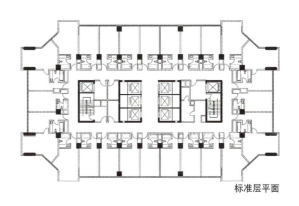

标准层平面

湖北现代建筑

沿街外观

万达商业广场——武汉万达商业广场2004年11月竣工开业。它是武汉首家集购物、娱乐、休闲于一体，各项设施配套齐全的"一站式"购物广场。

武汉万达商业广场总投资12亿元，总建筑面积12.9万m²，是一个由3栋主体建筑和两条步行街组成的"现代摩尔城"。3幢主体建筑分别是国内著名百货连锁企业"大洋百货"、"沃尔玛商业购物广场"和"工贸家电广场"及具有国际卫星传输、全球同步放影的"华纳影城"，其中，还包含有众多的各色店铺，共有412个地下车位和沃尔玛的货物入口及各类设备用房，整个商场、广场、地下连为一体。

外观

武汉销品茂商场——武汉销品茂位于武昌徐东路黄金地带，紧邻长江二桥，正处武汉市内环线上，是武昌、青山、汉口三区的交汇点。该工程一、二期占地近8hm²，是全国单体面积最大的商业城，总建筑面积18万m²，地面每层长234m，宽108m，建筑面积约3~4万m²，是一座可同时容纳10万人吃喝玩乐的袖珍城市。它与传统的商业模式相比具有三个显著的特征：其一，占地面积大、绿地大、停车场大、建筑规模大等；其二，行业多、店铺多、功能多，集购物、休闲、娱乐、饮食等于一体；其三，购物环境好、档次高、顾客购买力聚合性好。

外观

武汉钢铁公司外宾招待所——该建筑是为接待外国专家而兴建的。建筑面积为20400m²，共367间客房，564床位。主体建筑为11层，采用横墙承重的砖混结构。开间跨度较大的公共用房，布置于主体建筑前，结构既简单合理，又可形成绿化庭院，从而减少了城市干道噪声对客房的干扰。主体建筑立面为浅色水刷石，窗间墙作深绿色，与窗融为一体，避免了砖石结构的沉重感。低层部分高低错落，与伞形屋盖组成变化多样的空间，建筑轻巧明快。

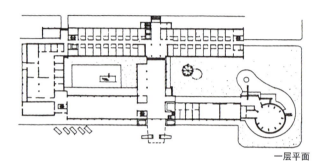

一层平面

庭院内景

侧立面

全景透视

长江大酒店

会议室

中餐厅

酒店外观

晴川饭店——晴川饭店濒临长江、背依龟山、晴川阁旁。主体建筑配合环境设计为近似方形的塔式建筑，立面设计采用了层层挑廊与顶部塔楼，以求得与附近古建筑协调。主楼结构为框筒体系，中部为混凝土筒体结构，四周为混凝土梁柱，预制楼板，布局对称，整体性强。

建筑面积为22000m²，327间客房，600床。主体建筑25层（包括技术层），总高87m。客房内设跟踪传呼信号，火灾自动报警，供水全部为自控。建筑内部装修采用了地方传统建筑风格的装饰手法。

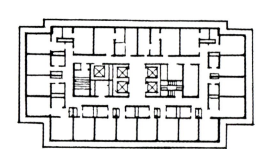

标准层平面

翠怡园

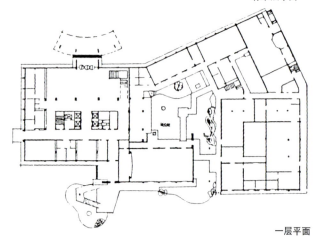

一层平面

知音馆

内庭院

饭店外景

武汉惠济饭店——武汉惠济饭店位于汉口惠济路原西式别墅区内，共有客房54套，104床位。别具匠心的设计构思使新老建筑在幽静的环境中和谐统一，相得益彰。平、剖面设计采用化大为小的手法，曲折进退，结合平缓的坡顶创造四面起伏的天际轮廓线，使得建筑造型别致而新颖，丰富而生动。

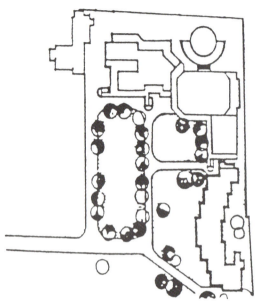

总平面

客房

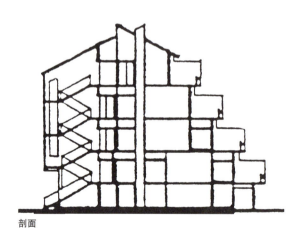

剖面

餐厅

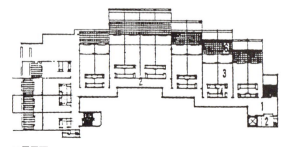

二层平面

饭店外景

东湖碧波宾馆——宾馆位于武汉市东湖东岸，系旅游宾馆，分为AB、C、D三区，AB区接待会议为主，C、D区为客房区，其中C区为家庭式阁楼，D区配有高档套间及会议室，总建筑面积7100m²，1989年建成。

建筑充分利用地形地貌，总体布局合理，建筑外观错落有致，自由高差起伏明显，大小庭园及连廊分片，形成园中有院，院中有园，亭廊相贯，既再造了景观，又与自然环境融为一体。建筑造型的垂柱、吊脚楼、仿木窗表现了南方民居特点，垂柱起伏，吊脚临水，给东湖风景区增添了美意。

庭院内景1

庭院内景2

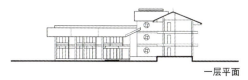
一层平面

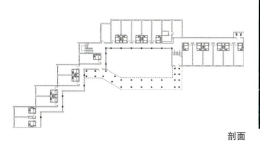
剖面

连廊外景

东湖宾馆——东湖宾馆坐落于风景秀丽的武汉东湖之滨，庭院面积83hm²，东院与东湖公园相邻，西院与珞珈山、磨山隔岸相望，院内高树如云，鸟语花香，鹭飞鹤翔，自然环境优美，政治人文资源丰厚，素有"湖北国宾馆"之称。

宾馆接待区域由百花苑、南山甲所、南山新村、百花村、梅岭、听涛区等区域构成，各区域风格各异，独具特色。

百花一号别墅

梅岭礼堂

梅岭别墅

东湖宾馆百花苑

雨棚局部

入口外观

外观1

外观2

武汉亚洲大酒店——亚洲大酒店位于汉口解放大道、崇仁路口转角处,位置重要,地段开阔。整个建筑群由三部分组成:圆筒形主楼、阶梯形附楼和住宅楼。总建筑面积3万m²,1993年建成。功能各异的建筑物沿道路转角两边展开,高低起伏,错落有致,组成一组优美的城市天际线。

解放大道与崇仁路成114°弧形交角,圆弧形道路转角配合圆形主楼、圆弧裙房显得很协调。由于主楼与裙房之圆心落在道路交角平分线上,突出了主体塔楼建筑。空间上,高耸的主楼居中,左右配楼(附楼及住宅楼)居两侧,在构图上给人以不同中求对应,均衡中求变化之感。另外,利用台阶式屋面进行空中绿化——屋顶小花园,以改善酒店的环境,提高酒店档次。

台阶式附楼不仅使建筑体形活泼丰富,且使主、附楼拉大了距离,有利于采光通风,改善了建筑物相互间视线的干扰。主、附楼高低错落,遥相呼应,相得益彰,并使主楼更挺拔、壮观。

在功能上最成功之处是客房非常理想,旅客反映良好,扇形平面具有新鲜感,弧状带形窗就像宽银幕电影,对于观景非常有利。扇形客房内侧狭、外侧宽,与客人活动区域的功能相吻合。圆环形走道便于服务旅客,平面关系紧凑、合理。

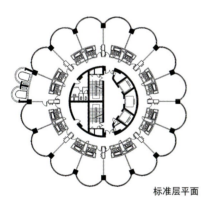

标准层平面

街景外观

旋转餐厅内景

酒店大堂

武汉天安假日酒店——武汉天安假日酒店是一座由中港合资兴建的国际四星级酒店，位于汉口解放大道与单洞路交汇处，建筑高度99.7m，地下1层，地上28层。总建筑面积4万m²，1995年竣工。

酒店主要出入口面临解放大道，门前设大型雨罩及广场，地下车库的两个出入口均与广场相通，酒店的大堂、中（西）餐厅、宴会厅、夜总会、健身、桑拿、泳池、网球场分层布置在裙楼的前部，机电设备房布置在裙楼的后部附楼内，28层主楼标准层采用三翼型平面，布置408间客房，二十四层设有总统套间。

酒店立面设计新颖、大方，平面三翼型体量，组成城市多方位景观。裙楼以花岗石为基座，主楼似雕塑的造型增添了建筑的现代气质，圆形的旋转餐厅与下部的方形体量隐喻着"天圆地方"的文化内涵。

街景外观

白玫瑰大酒店——白玫瑰大酒店位于武昌洪山广场南侧，中南路与民主路交汇处，酒店大楼平面呈矩形，地下1层，地上21层，建筑高度83m，塔楼高30m，总建筑面积23310m²，1997年建成。酒店按四星级宾馆标准设计，六层以下分层设置大堂服务、餐饮、娱乐、桑拿、出租写字间等，十层以上设300间客房，二十一层设有总统套间。

酒店的立面采用方形体量中的多变划分，屋顶配以宝石状塔楼，以其实体感强化了建筑自身的高度效果，使建筑造型具有突出的个性特征。

标准层平面

一层平面

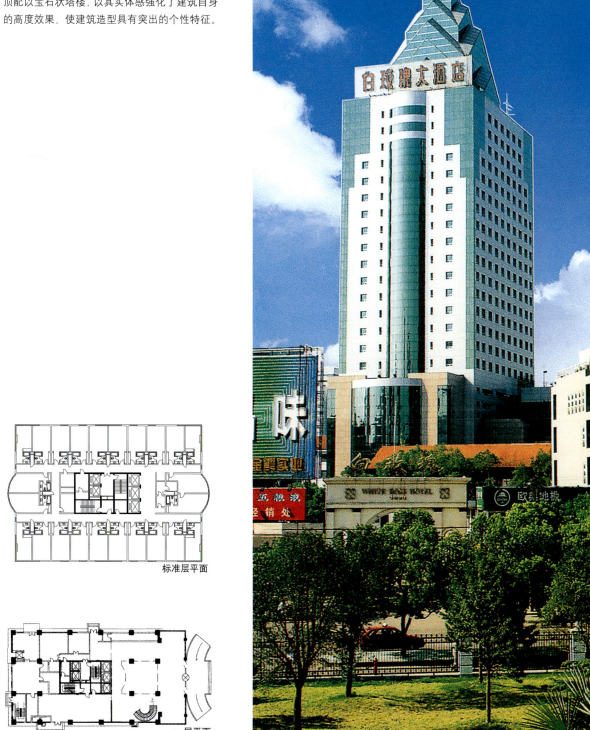

沿街外观

东方大酒店——东方大酒店为五星级酒店,位于汉口火车站广场东南侧,地下1层,地上10层,一至五层为会议、商务办公、餐饮、娱乐等功能区域,六至十层为大小客房,每层各设大、中、小会议室。总建筑面积32000m²,1998年建成。

建筑的外立面造型设计为西洋古典式风格,大厦的另外3个立面为四角圆筒造型,第十层(标高32.10m)采用柱廊呼应,形成视觉上的统一感。在标高以下维持原设计立面风格,使大厦四个立面趋于统一、协调,具有整体效果。

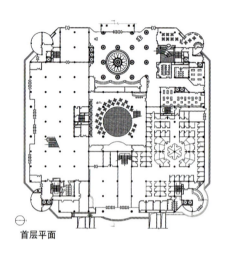

首层平面

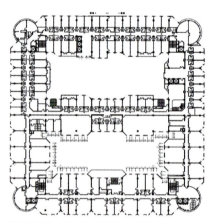

标准层平面

大堂内景

中餐厅内景

酒店外观

西餐厅内景

武汉香格里拉大饭店——武汉香格里拉大饭店位于武汉市的金融中心区，是武汉市首家五星级饭店。

饭店建筑面积为64445m²，楼高21层，拥有520套客房，其中有22套包括总统套间在内的各种套间和13间酒店服务公寓，另外还有16间配备齐全、酒店式服务的出租办公室。饭店设有武汉规模最大的宴会大厅，面积达1600m²，可按需要分隔成三个宴会厅。此外，各式风格的餐厅、酒吧、咖啡厅及健身设施满足了客人的多种需求。

饭店立面朴素大方，内外交通组织快捷便利，让客人充分享受到国际化商务酒店的高尚品质。绿化及庭园设计具有浓郁的东方文化内涵，被客人赞誉为闹市中的"世外桃源"。

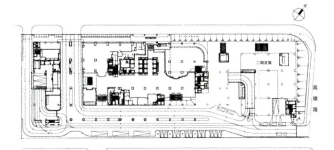

首层平面

饭店外景

酒吧

宴会厅前厅

大堂

西餐厅

武汉华美达天禄酒店——华美达天禄酒店地处汉口经营商业、服务业的青年路黄金之地。大楼是一座按四星级酒店要求设计的高层建筑，基地面积2430m²，地下1层，地上28层，总建筑面积33500 m²，总高度109.8m，2000年建成。基地面积狭小，为了寻求闹中取静，在建筑构思上力图使平面紧凑合理、柱网规整简洁、内筒经济实用，尽量减少占地面积，提高绿化率。

大楼内设施齐全、功能明确、流线清晰。地下为设备用房，一至五层裙房为大堂、餐饮、娱乐、休闲、服务设施，六至二十四层为客房，共432间，二十三层为总统套房，共二套。二十五层为会议室，二十六层为空中水上乐园，二十八层为旋转餐厅。

在总体造型上，塔楼裙楼浑然一体，给人以巍然屹立之感。四个角部的处理直上云天，加上正立面的观景电梯，增加了竖向的垂直感，顶部旋转餐厅的镶入使建筑顶部丰富多彩，立面造型既古典端庄，又新颖现代。

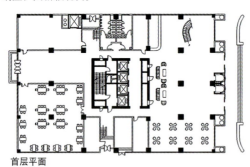

首层平面

外观全景

入口外观

大堂内景

襄樊南湖宾馆——南湖宾馆位于襄樊市西南、南山脚下,宾馆依山傍水,环境优美,是襄樊目前规模最大、设施齐全、环境最美的园林式宾馆建筑。总用地21hm²,总建筑面积23955m²,总床位数504床,1987年12月建成投入使用。

在用地范围内,结合地形设置了1、2、3、4号楼,按不同需求设置各类客房、豪华套间、总统套房。宾馆各种功能及娱乐设施齐全,设有会议中心、中西餐厅、宴会厅、网球场、桌球室、乒乓球室、美容美发厅、酒吧、咖啡屋、室内游泳池、高档健身房及设备用房,成为集居住、餐饮、会议、商场、娱乐休闲等功能为一体的功能齐全、设备完善的高档涉外接待宾馆。该宾馆多次接待过党和国家领导人、外国贵宾、国际友人和许多知名人士。

针对各种建筑的平面要求,设计出造型各异的建筑单体形成建筑组群,利用原有水面做成曲折的堤岸、设置曲桥、回廊,使客房与会议中心与餐厅有机联系起来。水面上点缀水榭、石舫、朱栏画栋、翅角飞檐,建筑采用坡顶、吊脚楼、水街等传统建筑文化之语言,充分体现了园林建筑的韵味和风格。

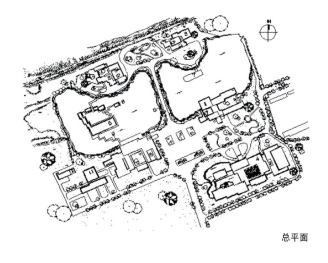
总平面

外景

水榭外景

宾馆外景

第四章 文化教育建筑

第四章
文化教育建筑

1.文化建筑

文化建筑在湖北久赋盛名。近代国民革命中心武汉的"血花世界"（民众乐园）就名闻遐迩。解放后，文化建筑更是分门别类，相继建设。前期最有代表性的是武汉剧院，它作为时代的象征，已溶入历史。后期，湖北重点建设了武汉杂技厅、湖北剧院、湖北美术院、湖北省博物馆、湖北出版文化城等一批文化建筑，并在武汉市及省内各大城市建成了博物馆、图书馆、文化馆、科技馆。由于丰富的历史文化遗存，文物一直受到历届政府的重视，所以，湖北的文化建设颇有传统。随着中国电影走向世界，湖北各地的电影院建设也加大了力度。除了新建，多数是对原有建筑进行周期性的、甚至彻底的翻新改造。原洪山影院不仅改名为洪山艺术电影院，而且增设了小型厅和零售服务。新建的湖北剧院，也附设了小型影像厅，向复合型多功能拓展。

2.教育建筑

教育建筑早期的概念主要考虑保障教学活动的正常进行，建筑设计比较注重形式，一般技术含量不高。建国之初，特别是1953年全国范围的高等学校院系调整，湖北建设了一批新大学。校园建筑呈现出当时的设计思想和水平。华中工学院、华中师范学院的一些教学楼、宿舍楼普遍采用了当时流行的大屋顶民族形式及局部或细部的民族装饰。

近年建造的高校建筑，表现出了新的设计理念：智能化、人性化、高技化以及对外开放的社会化。其中成为这一时期湖北现代教育建筑成就与特点的是，遍布湖北省境内分批修建了由香港邵逸夫先生投资、命名的"逸夫"楼馆。其中中国地质大学（武汉）、华中师范大学、华中科技大学等校的科技馆、图书馆均采用了现代造型及高科技设计技术，而武汉大学人文馆结合独特的校园环境，选择了传统式样。新的教学大楼把设计的重点转向公共空间和外部环境，体现以学生为主体，以交流为模式的当代教育观。

纵观文化教育建筑创作，湖北还有一个十分重要、富于时代感的倾向，这就是历来比较重视利用和更新改造原有旧建筑，使之既能满足新时期的需要，又能延续历史文化传统。武昌"红楼"是清末为筹备君主立宪而设的"湖北省咨议局"，属办公建筑，现在开辟为武昌首义辛亥革命纪念馆。20世纪90年代京广铁路改线后，废弃的近代建筑珍品老汉口火车站，曾经功能置换，用于办公，现已改建为城市轻轨系统的附属建筑。省博物馆、省美术馆，以及多所大学的教学、行政建筑，都实行了依据需要变化、适应时代发展改建、扩建、加建和翻新的建筑设计方针。

3.实例

洪山礼堂

武汉剧院

湖北省博物馆编钟馆

湖北剧院

武汉博物馆

武汉图书馆新馆

湖北出版文化城主体建筑

武汉杂技厅

武汉市青少年宫艺术综合楼

武汉理工大学行政楼

中南民族学院

武汉大学人文科学馆

华中科技大学逸夫科技大楼

华中科技大学西十二教学楼

华中师范大学音乐教学楼

华中农业大学

中南财经政法大学

中国地质大学（武汉）科技馆

新江汉大学

湖北省科教馆

黄冈师范学院图书馆

黄冈师范学院美术楼

黄冈师范学院音乐楼

湖北民族学院行政办公楼暨学术交流中心

恩施民族剧院

华中师大一附中

仙桃中学（德政园）分校科技实验楼

孝感一中教学楼

湖北省荆门龙泉中学教学北区新教学楼

洪山礼堂——洪山礼堂地处武昌水果湖,是湖北省委、省政府的政务及经济、文化活动中心,1954年建成,1997年改建后,各项服务功能更加齐全。洪山礼堂大厅占地面积约1000多 m^2,大厅座位1448个,其中楼下座位1016个、楼上座位432个,另外还有十一个不同风格的会议室。

南立面全景

武汉剧院——武汉剧院可容纳1596名观众,其中池座945席,楼座651席。观众厅长宽尺寸为34m和27.5m,最高最远座位俯角为16.5°。乐池开口宽度4m,长17m,深1.5m。台口宽14m,高8.5m,基本舞台的深、宽、高尺寸分别为19.5m、27.5m和19m。

该剧院造型典雅庄重,有良好的视听效果,可供大型歌舞剧的演出。建成使用40多年来,深爱各界好评,目前仍为武汉市最好的剧场。

立面全景

湖北省博物馆编钟馆——湖北省博物馆编钟馆位于武汉市东湖路博物馆的北面，总建筑面积3670m²，1998年建成。为了适应分期建设的需要和满足城市规划的要求，本工程在总体布局上采用了分散布置的方式，新馆建筑群基本上沿老馆的中轴线布置，以通史馆为中心，两侧布置其他各馆，体现了楚国建筑"一台一殿，多台成组"的风格。为了表现"楚辞"中所描述的建筑意境，特将编钟馆临水布置，并使编钟演奏厅三面环水，编钟馆分陈列厅与演奏厅，两者可分可合，既是统一整体，又可各自独立开放。通史馆与编钟馆、专题馆之间有长廊相连。

编钟馆外形与整个博物馆建筑群采用统一的建筑艺术语言，即以方形和三角形为母题，突出"高台建筑"式的体型和重檐坡顶的特点，并在建筑色彩上突出黑、红、灰三种色调，使之颇具楚风。

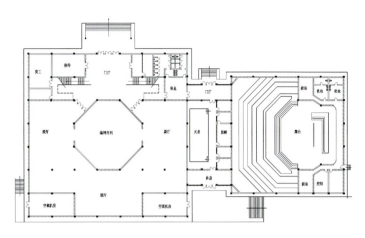

平面

全景鸟瞰

观众大厅

湖北剧院——湖北剧院位于武昌阅马场,武珞路城市轴线的起点,为湖北省"九五"时期精神文明建设的标志性工程,是一座拥有1400座的现代化多功能的综合剧院。建筑面积17000m²,高48m,投资为7800万元。地下室为停车及设备用房,地上3层分别为门厅、剧场池座和楼座。剧院舞台和观众厅的大尺度设计取得了良好的视听效果,能够满足现代各类大型演出的需要。

剧场基地处于特定的地理与文化环境中,周围汇萃了黄鹤楼,辛亥革命纪念馆及湖北省图书馆等一批历史文化建筑。设计构思上取黄鹤、鼓琴、歇山之意,以现代的建筑语言表达传统文化的内涵。建筑造型如黄鹤展翅般轻盈,如鼓琴合奏般协调,构成形象鲜明的艺术宫殿。

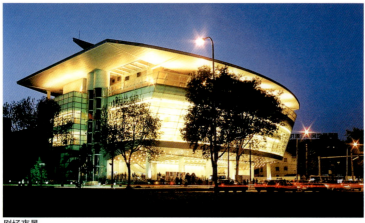

剧场夜景

剧场外观

武汉博物馆——武汉博物馆位于汉口青年大道西侧后襄河畔,是武汉市"九五"时期的重要文化建设项目之一。用地面积 2hm²,建筑面积 17865m²。

该馆设有临时展厅、陈列厅、序厅、中央大厅、学术报告厅、库房、珍品库等,并装有中央空调、喷淋、气体消防、烟感、安防监控、影像信息中心等一系列现代化设备,具有文物展览、文物处理、文物修复、学术研究、办公接待等博物馆的综合功能。

中央大厅设置一方楚庭院,向观众展示了一幅楚国风情画——伯牙与子期互觅知音的一段美妙感人的历史故事,渲染了博物馆的地域历史文化氛围。设计试图把握楚文化的文脉,采用隐喻、变形、联想、创新等手法,创造出一座融合传统地域文化的现代博物馆建筑。

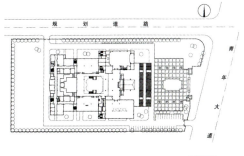

一层平面

立面

剖面

大厅

博物馆全景

武汉图书馆新馆——武汉图书馆新馆位于汉口建设大道中段，是武汉市"九五"时期的重要文化建设项目之一。建筑面积32700m^2，藏书350万册，共有阅览座2157位（含报告厅572位）。主楼14层，一至五层为中庭目录厅、外借厅、出纳厅、报告厅、展览厅、各种图书室和业务用房等，六至十四层为各类书库和办公用房，地下室为人防和设备用房。直径30m的圆形大厅为图书馆的多功能中心；现代开架式阅览室，灵活高效。造型采用对称退台式，整个建筑高低错落、体量丰富、和谐统一，颇具"书卷气"。

总平面

剖面

玻璃顶棚

学术报告厅

外观鸟瞰

湖北出版文化城主体建筑——湖北出版文化城是湖北省列入"九五"计划的精神文明标志性工程,是集出版物展销,音像电子出版制作,印刷物资交流,出版信息交流,出版科技教育、培训、综合训练和服务等于一体的大型建筑群体。文化城位于武汉市雄楚大街,总建筑面积11.69万 m^2,建筑高度99.6m,包括两幢地上22层,地下2层的出版办公大楼和整体式4层出版物展销中心及停车场、设备用房等,2003年竣工。

主体立面上南北两面以简洁的开窗手法,形成大面积的平铺韵律突出东西两侧立面的别致设计,东西两面采用竖向条形由顶部斜落地面,倾斜的外墙靠入主楼实体之中仿佛书页一般律动,从而赋予建筑独特的个性形象。造型设计上主体采用倾斜退台式,同时在十六至十九层层间上将两主楼部分连通一体,形成两幢主楼一体化的建筑构成。主楼连体气势宏伟,又不失对称和独立。

北侧柱廊局部

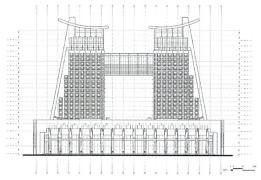

主要立面

街景透视

书城内景

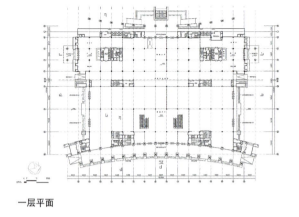
一层平面

学术报告厅内景

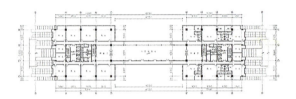
标准层平面

大厅内景

杂技厅外观

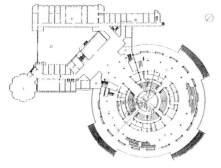

一层平面

武汉杂技厅——武汉杂技厅位于汉口建设大道与台北路交汇处,建筑面积17000m²,是武汉市大型文化设施之一,是我国第一座可供进行国际杂技、马戏表演的观演建筑。主要功能由主厅、排练厅、化妆室、动物房及动力设备用房等组成,演出厅设观众坐席2500座,屋架采用62m跨度的空间网架,表演空间高21m,表演舞台系国际标准直径13m,以适应表演杂技、马戏为主,兼演歌舞、服装表演及小型体育比赛等各种文化娱乐活动的需要。杂技厅主厅设计为圆形,其造型犹如一朵含苞待放的菊花,象征着杂技艺术的绚丽多姿。

武汉市青少年宫艺术综合楼——武汉市最大的青少年校外素质教育活动基地——武汉市青少年宫艺术综合楼于2004年12月竣工。此项目是武汉市重点文化建设项目之一,总投资1亿多元,占地4.9hm²,青少年宫艺术综合楼主体由1层地下室、7层综合教学楼、4层体育教学楼及音乐厅组成,功能包括舞蹈、美术、书法、器乐、声乐、幼儿体操、武术、散打、综合排演厅等,地上部分总建筑面积2.25万m²,其中,50多米跨度的连廊是其一大亮点。

该工程平面功能布局合理,内部交通组织流畅,避免了各功能活动之间的交叉干扰。同时,也充分考虑了不同年龄段青少年、儿童活动的差异和相互影响。内部空间表现则以纯净的几何形体构成丰富有趣的建筑空间。结合城市环境及青少年的个性、特点和艺术品位进行建筑造型设计,运用抽象的几何形体,形成简洁、丰富的视觉效果。

武汉市青少年宫艺术综合楼

武汉理工大学行政楼——武汉理工大学行政楼建于1953年，建筑3层，建筑面积3500 m²，采用中轴对称的设计手法，前为办公楼，后为大礼堂。

办公楼外观

校园全景

中南民族学院——中南民族学院是培养中南地区少数民族技术、行政干部的一所重点大学,建于武昌鲁巷以东的南湖之滨,主要单体建筑有文理教学楼、图书馆、大礼堂、物理楼、化学楼、电教楼、民族博物馆,教工、学生等生活设施分区设置。总建筑面积 10 万 m², 1983 年建成。

设计中充分考虑基地的环境因素,打破传统的大体量、对称式的中轴线布局,利用丘陵地貌和湖面湖汊,保留树林绿地,低层多层相结合,创造恬静、优美的校园及具有民族院校特点的建筑群。

文科教学楼

科技楼

理科教学楼

校园全景

湖北现代建筑

博物馆远景

行政楼

博物馆庭院

武汉大学人文科学馆

武汉大学人文科学馆外景

华中科技大学逸夫科技大楼——逸夫科技大楼位于华中科技大学主校区（原华中理工大学）教学科研中心区内，以端庄典雅的造型、清新亮丽的色彩和舒适优雅的环境成为学校的标志性建筑之一。逸夫科技楼是集教学科研办公为一体的综合体，总建筑面积36000m²。建筑群体由三部分有机组成，北楼地上12层，地下1层，东、南楼均为地上8层。建筑层高除首层为4.2m，其余均为3.9m。建筑布局合理，依据功能要求建筑各部分既相对独立便于管理，又利用连廊、门厅及通道，使之在整体上联络畅通。

总平面布局与特定的周边环境相协调，依地势呈U形布置，内设向西开敞、东高西低的内庭院，庭院东面与南楼的架空入口相通。建筑既具有鲜明的时代性，又通过南面入口架空处理，使该楼与图书馆前区广场形成一种对话关系，与新、老图书馆一起形成校园文化科技中心。

建筑的空间形态与使用功能紧密结合。南楼为管理学院，建筑空间采用中庭回廊的形式，为师生提供交流的场所，以适应管理专业学科教学科研的特点。北楼主要是基础教学和科研用房，采取中走道板式形态，空间布局紧凑，以提供最大面积的使用房间。东楼为南北两楼的连接体，也是建筑的主要入口。设计上采用多种方式，使立方体与曲面体穿插，建筑形态丰富又不失整体。多种形式的空中廊道使三部分连接自然，有机地结合成一体。

建筑造型努力把握高校文化建筑特点，风格典雅、现代、色调柔和。在追求体量组合简洁明快的同时又注重造型细部处理，注重不同材质的运用、对比和相互协调。根据建筑体块变化合理设置变形缝，并巧妙处理藏而不露，在满足技术要求的同时实现了造型的统一。

南楼中庭屋顶采用点式连接夹丝玻璃采光顶，结构轻盈，通透性强，采光系数高。倾斜的弧形连杆使之具有一定的动感，又能方便快捷地排除屋面雨水。东楼顶部两层建筑要求用18m的大跨度梁托起来，在设计中采用劲性钢筋混凝土梁，既控制了梁的高度，又减少了垂直挠度。

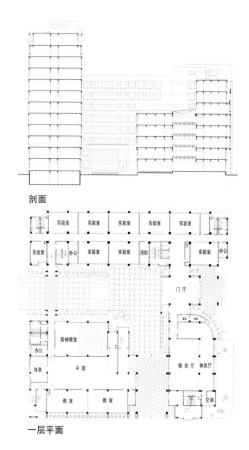

剖面

一层平面

科技楼鸟瞰

华中科技大学西十二教学楼——西十二教学楼用地选址位于华中科技大学主校区校园西部教学区,用地面积为33350m²,建筑面积40318m²,(含地下人防面积1435m²),全部为多媒体教室,容纳座位数为17200座。2002年建成投入使用,为当时国内规模最大、设备最先进的教学大楼。

西十二教学楼平面占地长176.8m,宽63.8m,建筑四面分别设置多处宽阔的出入口,并留有集散广场和大面积绿地。作为如此大规模的教学楼,突出的特点是人流集散交通组织,设计上用对称的平面布局和简洁的交通流线来满足要求,为师生提供易于识别、方便集散的建筑环境。建筑平面交通走廊呈井字形,结构清晰,流线顺畅。所有教室均为南北向布置,为教室提供了良好的采光通风条件。建筑东西两翼每层分别设置休息厅,作为师生课间休息、交流的场所。

建筑中部设开敞式内庭院,庭院南北与架空门廊相连,东西向与各层休息厅相望,庭院中以绿地、水池、铺地相结合,共同营造出一个空间丰富,环境舒适的公共活动场所。

对称的平面、顺洁流畅的交通在这个容纳上万学生的庞大建筑中是保证安全、实用的最行之有效的方法。简洁的设计与校园内原有的建筑物有效地呼应,并自然地融入校园环境之中。

教学楼外景

连廊景观

开敞庭院景观

华中师范大学音乐教学楼——华中师范大学音乐教学楼位于华中师范大学校园中心地段,建筑用地为一个东高西低的坡地,总建筑面积8986m²,2002年建成。本工程为一幢教学及观摩的综合性建筑,设计上力求各部分功能分区明确,空间分隔、联系合理,道路流线畅通,并根据其功能的特性,尽量满足音乐演出的最佳效果。建筑造型上充分考虑音乐艺术的独特性,景观效果较好。

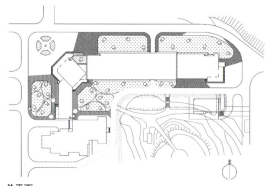

总平面

入口外观

教学楼外景

中庭内景

华中农业大学——华中农业大学是全国占地面积最大的高校之一,校园面积495万 m^2。华中农业大学主楼建于20世纪50年代。新建的华中农业大学图书馆建筑面积达3万多 m^2,图书文献资料总量243.1万册,其中一般图书153.1万册,电子图书90万册。近年还新建了国家分子技术育种中心大楼等一批建筑。

主楼

新图书馆

校园鸟瞰

国家分子技术育种中心大楼

中南财经政法大学——中南财经政法大学是中华人民共和国教育部直属的一所以经济学、法学、管理学为主干,兼有文学、史学、哲学、理学、工学等八大学科门类的普通高等学校,是国家"211工程"重点建设高校之一,由原隶属财政部的中南财经大学和原隶属司法部的中南政法学院合并组建而成。学校现有两个校区,首义校区位于历史悠久的黄鹤楼下,南湖校区位于风景秀丽的南湖湖畔。

南湖校区景观

中原楼

文泉楼

图书馆

中国地质大学（武汉）科技馆——中国地质大学（武汉）科技馆为邵逸夫先生捐资项目，位于地质大学大门一侧，总建筑面积1万 m²，2004年建成。为将此项目设计成学校的标志性建筑，并突出地质学科特点，设计运用仿生手法，创造出抽象的恐龙形象。建筑的体量穿插、交错、模拟出地质学中岩石裂隙断层，大面积仿砂岩、页岩形成的实墙充分体现出地质学科的特色。

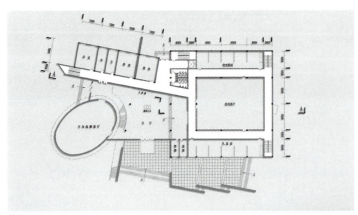

首层平面

外观局部1

沿街外观

外观局部2　　　　　　　　　　　外观局部3　　　　　　　　　　　入口外观

新江汉大学——新江汉大学位于武汉经济技术开发区三角湖畔，总用地面积108.4ha，总建筑面积365000m²，可容纳学生12000人，教职工2400人。设计紧紧把握高等教育未来发展趋势，在功能和空间方面满足现代教学信息化、智能化、多元化的要求；充分利用地形、地貌和原有植被、水体，进行校园布局，达到理性与浪漫的和谐统一，创造富有诗意的人文景观，形成具有鲜明滨湖特色的现代学府风貌；强化生态观念，注重环境保护，构建可持续发展的"山水园林"式校园。

行政楼

新江汉大学总体规划
Overall Plan of New Jianghan University

总平面

校园沿湖景观

第四章 文化教育建筑

图书馆

医学与生命科学院

文理科教学综合楼

艺术学院

湖北省科教馆——本馆位于武昌洪山广场东侧，由科技、电教、技协和技术情报四个分馆组成。主体工程由高层主楼和低层裙房组成。总建筑面积55400m²，1992年建成。主楼地上为18层，高76m，地下1层。考虑四个分馆的不同隶属关系，设计中使建筑既是统一的整体，又有相对的独立性。根据功能、朝向和环境等要求，主楼设于广场中轴线上，平面呈X形。在两翼之间的一至四层设置门厅和大小不等的阶梯教室，在十三层处由消防通道相连，使主楼成为似分犹合的整体。

在主体工程中设有各种展教厅、交流厅、科学会堂、电教讲堂、天象厅、资料库、阅览室、声像用房、计算机及其他专业用房，楼内还设有闭路电视、卫星接收系统和防火报警装置等设施。

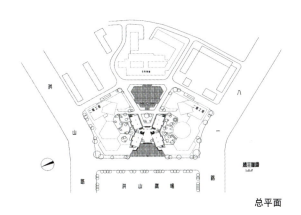

总平面

塔楼仰视

全景透视

黄冈师范学院图书馆

入口网架

外观局部

入口局部

沿街立面

黄冈师范学院美术楼——美术楼工程巧用地形，合理组织功能关系。依地形将画室成弧形布置，获得面北的朝向。该设计不仅呼应了地形，而且使沿路景观获得戏剧性效果；同时也解决了画室对北向均匀阳光的需求。教室为南向布置，与画室之间安排大展厅。大展厅层高两层，不仅用作展示师生作品，更是一个富有吸引力的中庭，是学生交流的重要空间。室内外高差丰富，绿化布置精心设计。总建筑面积4150m²。

创造丰富有特色的空间。充分满足各种功能用房性质，再赋予其独特和有创意的形式，实现功能、形式、艺术、结构的完美结合。充分运用空间的大小对比、形状对比，创造丰富有趣的空间，与美术专业特点相符合。空间的内外渗透和尺度处理也经过精心推敲。

设计富有时代感和文化气息的形态。充分利用雕塑手法，追求造型上的虚实对比，使建筑本身成为一件艺术品。三角形的楼梯，大体积斜切的主楼，造型别具一格的陈列室，通透的玻璃墙，丰富光影和强烈虚实对比使建筑富有强烈的现代感和艺术气息，切合了美术楼的艺术主题。

侧立面

沿湖立面

黄冈师范学院音乐楼——建筑用地位于黄冈师范学院西部,北临校运动区,东为校内主干道,南部与学生宿舍区通过绿化带隔离。主入口设计在基地东,与主干道相连面向校园主广场。教室、舞蹈室与主要用房布置于南部,琴房、小教室集中于北部。两者之间穿插布置办公用房,不利朝向则布置卫生间和楼梯间。

平面设计充分考虑各用房的性质进行合理分区。教学用房采用框架结构占据最好朝向,琴房采用砖混结构利于降低造价,简化施工。建筑平面采用弧形,琴房沿弧向布置,避免了平行墙面的声音多次反射。围合的内院成为休息的场所和内向的景观。办公用房楼穿插于琴房和教室之间,将内院分隔成封闭和半封闭的不同性质的空间,分区明确,联系紧密,布局紧凑。建筑规模虽然很小,仍通过精心设计创造出富有特色的建筑空间,并形成开敞程度各异的院落。通过通透的走廊、退台和体量高低错落的手法,使空间在竖向上渗透交融。

立面设计为强调突出音乐专业的特点,采用了象征韵律、节奏、重复以及"隐喻"的抽象手法。屋顶采用拱形形成柔和的天际线,屋顶层层递落,造型因此变得生动有趣。重复排列的水平线条,产生舒缓伸展的效果。一个个凸出的三角形窗在弧形立面上跳跃,象征五线谱上跳动的音符。台阶和楼梯台面采用黑白两色花岗石,犹如跳动的琴键。直曲对比,高低对比,虚实对比,丰富的变化使建筑造型生动富有特点。

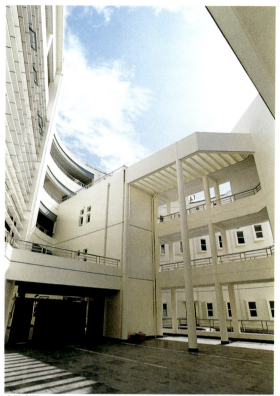

庭院内景

外观全景

湖北民族学院行政办公楼暨学术交流中心——湖北民族学院坐落于湖北省恩施市北郊风光秀丽的龙洞河畔，校园依山傍水，丛林掩映，环境幽雅。行政办公暨学术交流中心位于校园主入口，是该院标志性建筑。基地占地近万平方米，总建筑面积13000 m²，主体5层，塔楼11层，南部为学术交流、行政办公，北部为生科院教学楼。1999年竣工并投入使用。

基地正面（西）是进入校区18m宽天桥，面临一条12m宽的校园主干道，交流中心面宽120余米（南北向），与主干道之间是一片开阔的中心绿地，该面是行政办公区的主入口，又与极具民族特色的门楼相互衬托，形成了院区的中轴线。基地侧面（北面）为生科院教学楼主入口，面临一条8m宽的进入教学区的干道，干道另一侧是一自然植被完好的山坡地段，该面与坡顶图书馆遥相呼应。

在平面布局上，设计有机地将行政办公、学术活动、教学等功能溶为一体，并完全符合整个校区的功能分区；在办公区西面设单面封闭走廊，缓解了西晒问题。教学楼东西向布置，南北采光、通风，充分利用自然资源，减少能耗。

采用传统的中轴对称手法，以两个入口处理整栋建筑立面，并通过采用全坡屋顶，蓝灰色琉璃瓦屋面，白色墙砖，使之与院区建筑群体的主色调协调一致。同时立面引入土家吊脚楼的部分元素，设置长廊、露台等，自然流露出地域文化和民族特点。入口大台阶又增添了主楼的壮观气势，成为院区的一个景点。

广场透视

恩施民族剧院

正立面

华中师大一附中——华中师大一附中是全国著名的重点中学，是湖北省政府于1992年命名的全省惟一的"窗口"学校。

华中师大一附中新校区是在中共中央、国务院深化教育改革、全面推进素质教育以及武汉市大力倡导建设优质重点高中的号召下兴建的重点项目。学校位于东湖开发区华师科技园，占地30ha，总建筑面积15.6万 m^2。

为了培养发挥学生动手能力的自主性，在科技综合楼内设计了20间自主试验室，59间设备一流、功能齐全的理、化、生实验室，3个多功能学术交流厅，每个厅可同时容纳400人，大礼堂可举办1500人的综合性文艺或学术会议。

校园景色

钟楼水景

教学楼全景

教学楼水景

学校大门及科技楼

仙桃中学(德政园)分校科技实验楼——"科技实验楼"位于校园中心,南向面对校门和校前广场,北向通过连廊与办公、教学楼相连。建筑面积4020m²,由18个专业教室及多功能厅、练功房和钟塔组成,主体四层,局部两层,钟塔高度22.8m,为全校最高点。

平面布局呈一字形,进深相同的4层主体建筑,有利于大小不等的专业教室灵活设置;南向3m宽支柱走廊,不仅使教室具有自然采光、生态化对流风等技术优点,更为学生们提供了一种宽敞、开放的室内活动场所。大跨度的多功能厅和练功房置于端点,与主楼梯、连廊相临,既有利于集中人流疏散,也可满足非标准层高的要求,与周围自然环境的开放和交融,与其他建筑的呼应和凝聚,是"科技实验楼"的重要特色。透过宽大的门厅,波浪起伏的连廊顶棚,透视出"办公楼"、"教学楼"的层叠镜景。开敞的走廊,把绿树、草坪、蓝天、白云融为一体。

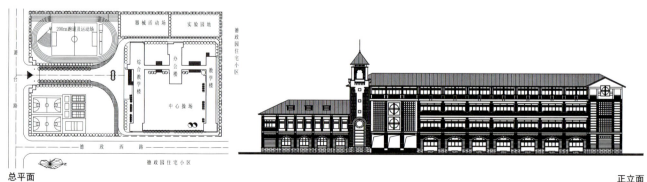

总平面　　　　　　　　　　　　　　　　　　　　　　　　　　　　　　　　　　正立面

第四章 文化教育建筑

庭院内景

走廊内景

教室内景

孝感一中教学楼——孝感一中教学楼位于孝感开发区107国道星火村境内，主要功能为教学、办公、实验和阅览。

教学楼总平面布局以灵活多样的手法，通过风格各异的庭院将多样的单体结合成一个整体。利用通廊联系各单元，充分发挥了透空连廊的表现力。教学用房布置于东侧，实验科技用房位于西侧，广场与办公楼将两部分联系起来，形成以小庭院围绕中心广场的布局形式。

教学楼平面设计为打破板式建筑的单调感，将附属用房平面设计得丰富多彩，使建筑功能与形式有机地结合。

立面设计上充分利用各种要素——方形、弧形、斜线、自由曲线形成形体对比。通过形体体块穿插，虚实对比，高低对比，利用色彩对比，营造了丰富多变、活泼而富有活力的校园建筑形象。

庭院内景

教学楼外景

湖北省荆门龙泉中学教学北区新教学楼——为改善教学环境，提高教育设施水平，该校在校园北区进行大规模教学设施的扩建，项目包括科技楼、教学楼、学生公寓及钟楼，总建筑面积约12358m²，其中科技楼面积4373m²，教学楼面积4364m²，学生公寓面积2856m²，钟楼面积765m²。项目地块北临海慧路，南面是学校操场，竹皮河从西边缓缓流过，教学楼横跨河上，用地南北高差5.8m，东西高差7m。

在基地规划布局上通过入口广场和内广场组织各建筑之间的空间关系和结构布局，在科技楼北面与学生公寓在校区主入口处围合出一片广场，使主楼与城市街道有空间的过渡和隔离地带，在科技楼和教学楼、学生公寓之间规划了一块内广场。广场东南角矗立着高耸的天文台，该天文台是全校的中心地标。

四栋建筑物空间体量各不相同，建筑尺度大小各异，体形变化多端。由于自然地形高差的变化，整个建筑群显得高低错落有致，天文台的垂直体量及绝对高度使其成为校区的最高控制点和构图中心，科技楼与教学楼为水平体量舒展布置，学生公寓呈水平弧线状布局。

龙泉中学是荆门市惟一的省重点中学，其历史可追溯到清朝光绪年间的龙泉书院，具有悠久的历史和人文传统。学校周围环境优美，景色宜人，古迹众多，人文荟萃。因此在建筑物的外部空间形象及整体风格把握上，本设计特别强调对历史文脉的传承，建筑与周围环境溶为一体。屋顶采用中国传统的坡屋顶，覆以黛青色的水泥瓦，建筑外立面吸收了传统建筑的处理方式，利用三段式手法垂直划分屋顶、墙身与基座的关系，使三者关系比例协调、尺度适中、色彩搭配合理，与原校区和周围优美的自然景观环境融洽相处。

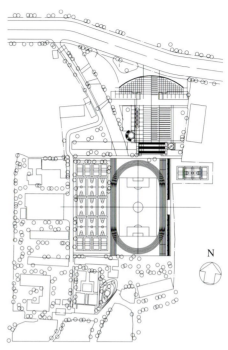

总平面

教学楼鸟瞰

第五章 体育医疗建筑

第五章
体育医疗建筑

1. 体育建筑

早在50年代初期，武汉就建造了当时在国内规模较大的可容纳3万余人的汉口新华路体育场。1956年建成的武汉体育馆，可容纳3800余人。1985年建成的洪山体育馆是一座可容纳8000人的大型体育建筑，结构上技术先进，造型上体量宏大，集体育比赛、文艺表演、产品展示、人才交流于一体的现代综合多功能运营趋势，在该馆已见端倪。湖北许多单位都拥有自己的体育场馆，如东风汽车制造厂体育馆、武汉体育学院训练馆等等。武汉体育中心体育场的看台篷盖更是采用了当今比较先进的大悬挑预应力索桁与张力式索膜相结合的复合结构，结构造型新颖优美，富有现代气息。

2. 医疗建筑

在湖北现代建筑中，医疗建筑是一个重要的组成部分，几十年来建造了各种规模的社会医院、单位医院及专业医院（如湖北肿瘤医院、湖北医学院口腔医院等）。

改革开放后，湖北医疗建筑设计和全国一样，也体现了现代医学模式的重大变化。现代医疗建筑，不再只是满足开药、治病的单一职能，而是集医疗、护理、预防及教学、科研于一体，包容生物医学、心理学、社会学、建筑学的整体性康复环境。在环境配置、功能布局、室内设计、流线组织，乃至墙面的色彩处理等各个方面，都充分贯彻"人性化"、"终极关怀"等现代医疗建筑的设计思路。同济医科大学附属同济及协和医院的医疗、住院及教学、行政大楼，是这种类型建筑的代表。

现代医疗建筑放弃了单一的平面展开方式，而向立体、组合式发展。湖北医学院附一医院的做法是，病房大楼率先采用高层建筑，而门诊、医技仍以多层为主。梨园医院属于疗养性建筑，则选址于东湖之滨，结合湖光山色，舒展布局融合于园林绿化之中，消除了患者与世隔绝之感。

3. 实例

武汉新华路体育场
武汉体育馆
洪山体育馆
孝感体育馆及体育场
武汉体育中心体育场
仙桃体育馆
十堰体育中心
梨园医院
湖北省妇幼保健医院
湖北医学院附属第一医院病房楼
湖北医学院附属口腔医院
协和医院门诊大楼
协和医院医教大楼
恩施民族学院附属医院住院部
同济医院新门诊及科研大楼

武汉新华路体育场——1955年4月建成的武汉新华路体育场,与中山公园相邻,占地面积135ha,全部建筑面积16982 m²。体育场为椭圆形建筑,内场地长轴200 m,短轴144 m,周围400 m田径环形跑道10条,中间的足球场长105 m,宽70 m。观众座共有28排(1984年增建7排),加上司令台,可容纳的准确人数为32137人。体育场设有20个出入口,有东西两个主席台。体育场内有供训练和比赛用的标准田径场,在400 m跑道中间有100 m×69 m的草地足球场。这是50年代全国第一流的体育场。

1972年在足球场内安装了巨型灯光照明设备,即使夜晚也可进行足球、手球、棒垒球等项目比赛。看台外东面有两个90 m×50 m的足球场。西南角和西北角分别有水泥地面的篮、排球场各一座,东南角有一个室内铺有木质地面的球场,可进行篮球、排球、羽毛球的练习和比赛。看台外西面有可供练习和比赛的标准网球场4个以及50 m×11 m的游泳池1个。

武汉新华路体育场鸟瞰

武汉体育馆——武汉体育馆是湖北省最早的大型室内体育馆,1956年4月建成,占地5.6万 m²,建筑面积14490 m²。馆正中是比赛馆,可供篮球、排球、羽毛球、乒乓球、拳击、举重、摔跤、体操、击剑等项目的比赛,容纳观众3800人。该馆为武汉市一标志性建筑,并在全国有一定的知名度,是众多世界冠军的启蒙地,该馆不仅满足了一代代市民进行体育锻炼和观赏体育比赛的需求,更为树立武汉城市形象和对内对外交往需要提供了平台,在我市两个文明建设的历史上发挥了积极的作用。

武汉体育馆外景

洪山体育馆——洪山体育馆位于武汉市洪山广场西侧，占地 24 hm²，建筑面积 2 万 m²。其中主体建筑比赛馆为 15048 m²。场内可进行手球、体操、羽毛球、篮球、排球、乒乓球、网球、武术、举重等项目的比赛。一座 M 形的练习馆与主馆相连，内设 36m × 24 m 的场地两片，辅助用房 32 间，建筑面积 3700 m²。

主馆内还设有贵宾休息室、接见厅、陈列室、运动员休息室、检录厅、观众休息厅、电影放映机房等辅助用房；另外设有风机房、小卖部、食堂、车库等辅助建筑。总投资 2700 万元，其中主馆 1651 万元。

比赛馆内有电脑控制的电子计时、计分、扩声、灯光照明、冷气暖气、电话通信以及闭路电视。

比赛馆主要技术经济指标：

规模：8075 座　面积：1.86 m²/座

容积：8.5 m³/座　造价：1745 元/座

视线设计：视觉质量三等以上的座位占 99％，最大视距 45 m。

体育馆鸟瞰

孝感体育馆及体育场

体育场外景

武汉体育中心体育场——位于武汉经济技术开发区北端,西临318国道,用地开阔,交通便捷。其中主体育场先期建成,规模6万座,是用以承办大型赛事2003年女足世界杯武汉赛区比赛而修建使用。总体布局打破传统封闭、对称模式,为保持一期建设的独立完整性,用地规划采取内外圆环偏心结构,主体育场位于中心,呈正南北向布置,通过正东西、南北轴高架平台与二期紧密相连。主入口设于东部,联系东区大型停车场,训练场布置于西部,通过地下通道与主体育场相联系。

观众区人流通过6m标高平台及5个大型疏散楼梯至地面、广场处。体育场平面设计为四心椭圆,内为国际标准半圆式田径比赛场地。体育场设有四个场地出入口,中部为68m×110m标准草地足球场,周围设九道跑道,每道宽1.25m,场地周边设3m宽通行地沟,可供内部联系使用,又起到隔离赛区的作用。观众席采取东西双层,南北单层的设计方式,保证视线观赏的效果,观众席共分46个区。主席台设于西侧看台正中,共有420座,记者席分布在主席台两侧,残疾人看台则专门开辟,配有专用厕所及电梯供使用。此外,体育场采用国际通用方式,在东西看台区设置包厢57间,以满足高层次观众欣赏比赛及商务洽谈的需要。

屋面采用56榀单支点索膜——钢桁大悬挑钢结构,通过四角筒、内外环梁形成整体全场屋盖系统,轻巧的造型犹如四片扬起的风帆;主看台为现浇钢筋混凝土框架结构,采用了超长结构无缝施工设计及预应力技术,最大长度超过220m;篷盖部分为预应力索桁——张力式索膜结构,采用了多项居国际国内领先的设计施工技术,该篷盖最大悬挑长度约52m,内环索设计周长接近800m,最大单块膜面积超过1000m²;整个索膜篷盖设计为全覆盖式,膜面展开面积约40000 m²,是目前国内已建成的最大张力式索膜结构。

体育场在满足体育竞技比赛同时,着力开拓多功能、经营开发、综合利用的空间。各层平面充分考虑使用功能,分区合理,做到大量观众与运动员、贵宾、记者、工作人员等不同功能的流线相对独立,互不干扰。体育场造型力求独特新颖,富有时代气息,体现建筑艺术与先进的科学技术完美结合。

体育场内景1

体育场鸟瞰

第五章 体育医疗建筑

体育场内景 2

体育场外观

仙桃体育馆——该项目地处被誉为世界体操冠军之乡的仙桃市中心，为国家体操训练（仙桃）基地的主体工程，用于承办国际性体操比赛。建筑面对广场四面临空，比赛场地48m×34m、3层、屋盖最高点25m，主体结构（64.8m×64.8m）切去四角（7.2m×7.2m）后呈十字形扭壳状球节点钢网架。总建筑面积10500m²（观众席4200个），2002年建成。

该馆可满足体操、手球、篮球、排球、文艺演出、大型集会等多种活动。一层平面呈矩形，划分为运动员、裁判员、贵宾、设备用房区和多功能区等，兼顾赛时和平时不同性质的使用要求。二层平面呈十字形，比赛场地上空以外部位形成四片与室外平台相通的观众活动区，观众可经过4部室外楼梯通向广场。

建筑造型以斜向正交呈十字形屋面延伸至二层平台的玻璃采光带以及其他元素构成传统和现代相结合的建筑形象。

外观全景

体育馆内景1

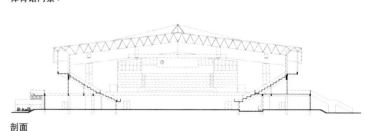

剖面

体育馆内景2

一层平面　　　　二层平面

十堰体育中心——地处山区,根据体育场馆的发展趋势在设计构思上运用了"生态、创新、效益"理念,减少开山范围,将有限的建筑面积相对集中在西侧主干道,以提高使用价值,并利于建筑造型。总建筑面积17200m²(观众席20000个),2002年建成。

建筑一层西侧设有5000 m²的体育产业开发大厅,赛时作为办公用房,平时供营销、展览等活动;其他部分为运动员、裁判员、新闻中心等功能用房。二层平面为贵宾和观众活动区,5部室外楼梯、一条架空坡道直接与广场和道路相连,便于观众的交通与疏散。建筑造型以平面功能为基础形成不对称形态,利用特殊地形以及拉索塔、局部玻璃幕墙等,形成了高低错落、刚柔相济、虚实相间的富有个性的现代体育建筑。

总平面

沿街外景

观众厅内景

体育场内景1

体育场内景2

梨园医院——医院病房大楼位于武昌东湖边，东南西面临水，是一所治疗与疗养结合的医院。

病房大楼由病房楼、医技楼、文娱楼、营养食堂四部分组成，建筑面积 15300m²。

大楼为砖混结构，全楼均安装冷、暖空调，并有医疗使用的呼唤信号、集中供氧、吸引器等设施，每一护理单元均设日光室。

平面布局以病房为主干，以门厅、接待厅为轴心，将各部分连成整体。建筑造型寓意为"船"，轻快的水平线以柔和的圆弧收笔。门廊呈曲线，加之明朗的建筑色彩等，增加了建筑物的生气，减轻患者入院的心理负担。

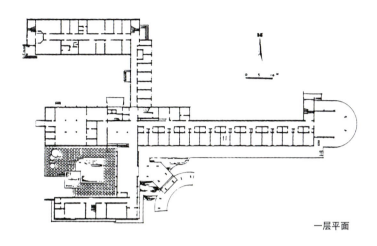

一层平面

外观局部

沿湖立面

湖北省妇幼保健医院——该院是医疗、保健、科研、教学的综合性医院，建筑面积16000m²，包括病房楼、营养厨房、动力站房、污水处理配套建筑。其中，病房楼9620m²，300床位，设妇科、产科、计划生育、儿内科、新生儿科等。

病房楼是本工程的主体建筑，面临城市主干道，每层为一个护理单元，可容纳40个床位，各护理单元有完整的辅助医疗和卫生设施。由于是独立的护理单元，从而减少了单元间的干扰和交叉感染，便于管理。各护理单元以垂直交通联系。

室内外装修设计简洁，色调明快柔和，为医疗创造了良好环境。

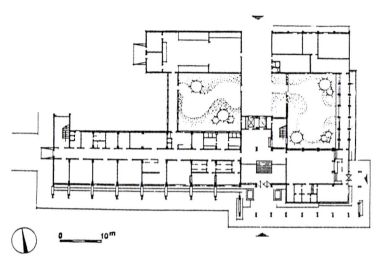

一层平面

大楼全景

湖北医学院附属第一医院病房楼——病房大楼平面呈通常的工字形，前部9层分21个病区，建筑面积19500m²，共有700张病床。十层为图书阅览室。后部为中心供应、机能检查、检验科、手术室等辅助医疗用房。功能分区明确，布局联系合理。为避免病区的交叉感染，大楼下面设技术层，病区污衣污物全部用管道输送至技术层，直通外部出口，并有专用电梯经此层通向太平间。洁净衣物及餐食有单独通道经技术层通过电梯分达各部门，做到洁污分流。由于用水、电器、氧气、吸引器等专用管线较多，设计时力求布置在同一垂直线上，汇总于技术层，避免了每层的横向管道穿插。

背立面

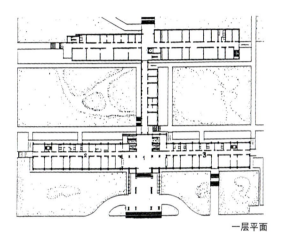

一层平面

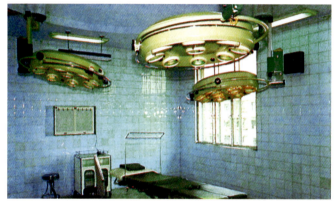

手术室

大楼外观

湖北医学院附属口腔医院——主楼包括门诊部、病房、辅助医疗科室、手术部、教学用实验室、阶梯教室等，其规模如下：700人次门诊（103台治疗椅），建筑主体为5层，170床位病房，建筑面积9500m²。

建筑面临城市主要道路，根据规划要求，门诊与道路平行，病房楼则沿后院围墙布置，充分利用占地面积，扩大病人活动庭园，同时为病房争取良好的朝向。

门诊部在防止汞污染方面采取措施，将辗磨部分集中，设通风柜，通过管道集中净化排放。

挂号室及急诊部均可独立开放，避免与其他部互相干扰。

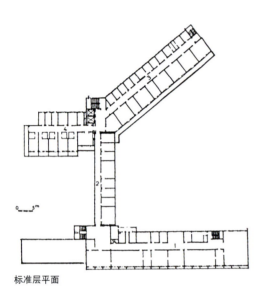

标准层平面

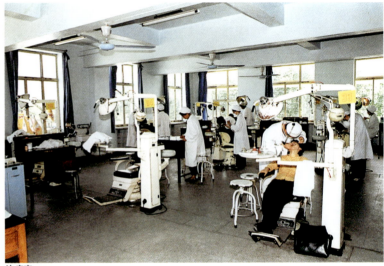

治疗室

医院外观

协和医院门诊大楼

外观

协和医院医教大楼

沿街外观

恩施民族学院附属医院住院部

外观1

外观2

同济医院新门诊及科研大楼——是一座设计规模为4500~5000人次／日门诊量的大型门诊及科研中心,一至十一层为门诊各科室,十二层以上为各科实验室,二十三层按急救站要求设急救直升机停机坪。各科室采用分科候诊方式。大楼总建筑面积38190m²,1999年建成。

建筑设计注重对特大型高层门诊部及其综合楼的垂直交通系统及分科布局、人流分配等相关问题进行探索及实践。同时,在大型门诊的大厅、收费、发药、候诊等直接为病人服务的空间设计上,对其尺寸、流线、通风采光、指示标识及休息空间等都是在细致分析、观察后合理确定的。

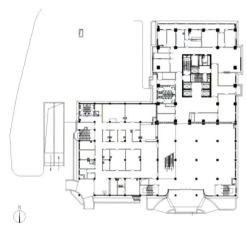

首层平面

外观局部

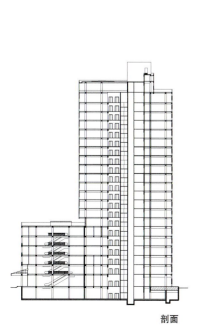

剖面

远景透视

第六章 交通会展建筑

第六章
交通会展建筑

1.交通建筑

交通建筑的发展与交通运输业的水平密切相关。湖北拥有水、陆、空三栖四维交通体系。交通建筑十分发达。

湖北占据长江黄金水道之长居沿江各省之最，有好几个大型城市据守江边。长期以来，水运码头及其附设机构在湖北一直是重要建筑类型。著名近代建筑汉口江汉关，至今仍然作为海关江事建筑使用。20世纪80年代在江汉关附近，迁址建起造型独特的武汉港客运大楼。建筑总长约300m、宽46m，是长江沿岸乃至全国最大的内河客运港务大楼。

湖北现代陆路交通建筑的前期，中短距离运输方式基本上由公交、长途汽车包揽。陆路交通建筑主要是公交系统的办公、管理建筑以及全省各地的长途汽车站。武汉长途汽车客运总站选址临近汉口火车站，以方便旅客联运。主站楼建筑面积12176m²，主楼设18个发车位；底层主厅中部进站、两侧候车；尽端为两个圆弧形体量的附楼相向合抱。整个建筑造型对称，主入口前广场开敞，导向性强。咸宁汽车客运站在内部功能与外观造型上都具有一定特色。90年代以后湖北引进国道和高速公路系统，高速巴士参与中长途公路运输，为此湖北境内建造了一批与高速公路配套的交通建筑。

陆路交通远距离尤其是省际运输主要依靠普通铁路。解放以后，在原有平汉铁路站点的基础上改造、修建了武昌、汉口、汉阳和江岸火车站。到20世纪末，京广、沪渝、焦枝以及京九等多条铁路贯穿湖北，形成湖北网状铁路运输体系。一大批造型新颖、功能齐全的铁路客运站先后建成。为了转移高速巴士以其机动、灵活、方便性对铁路形成的商业竞争压力，由国家统一部署实施了铁路提速，同时也鞭策铁路系统改善车站建筑环境，提高铁路出入服务质量。汉口站新站是一座大型的铁路客运站，平面布置合理，交通流畅简洁，充分体现了大型公共交通建筑的特征。汉口站、武昌站都及时引进电子计算机技术和以人为本的设计理念，进一步更新、调整，以适应新的交通运输环境。

湖北境内的航空运输也具有一定规模。恩施靠近武陵源景区，宜昌据长江三峡有旅游热点之利，因而都建有大型民用飞机场。武汉作为华中地区特大城市，90年代开始新建天河国际机场，机场候机楼造型简洁、功能合理。

2.会展建筑

武汉早在1956年就建成了武汉展览馆，原名"中苏友好宫"，是继北京、上海、广州之后为举办"苏联经济、文化建设成就展览"而设计建造的国内第四个同类建筑，总建筑面积23085m²，共计21个展厅。中央大厅为4层钢筋混凝土框架结构，总高25m；工业馆长66m，高19m，四边2层回廊，屋面为拱型薄壳结构，中部拱跨30m；两翼展厅为2层。整座建筑比例严谨、体型庄重、色调典雅、细部装饰丰而不繁。该馆于1995年拆除，2000年在原址上新建了12.7万m²的武汉国际会展中心。该项目为武汉市重要的大型公共建筑，由地上建筑、地下建筑和广场三部分组成。地下两层为展厅、备展厅、地下车库、商场及设备用房；地上5层为展厅、会议室、多功能大厅及配套设施等；广场分为南、北两个，南广场1.2万m²，为交通广场；北广场4.5万m²，为市民广场。展厅面积达4.8万m²。

大型综合性会展建筑广泛应用于产品作品展示、公务商务洽谈，同时为学术会议、人才市场提供使用场所。

在武昌东湖高新技术开发区建造了湖北第一座会展建筑——武汉科技会展中心。主要功能分为会议和展览两部分，分一、二期工程，现已全部建成。总建筑面积62026m²，地下

2层、地上17层。为理顺入口车流、人流，有利消防，底层采用开放式前厅。

中国光谷落户湖北后，武汉及时在东湖高新技术开发区设计建造了武汉·光谷光电子核心大市场。它实际上也是一个会展建筑。大厦运用巨型弧板空间网架结构覆盖整座建筑，局部消解屋面与墙体的界限；主入口内有多层通高圆筒形门厅，上方硕大的金属穹顶冲出屋面，形成非常独特的外观。这种造型国内少见，类似北京的国家大剧院。

3.实例
汉口火车站

襄樊火车客运站

武汉港客运大楼

宜昌客运港

武汉天河机场航站楼

汉阳汽车客运中心

武汉展览馆

武汉国际会展中心

武汉·中国光谷光电子大市场

汉口火车站——位于汉口金家墩，总建筑面积20079m²，1991年建成。由主站房、铁路综合楼、办公综合楼三部分组成，最高聚集人数6000人，主体两层，局部3层，属侧平式站房，进站跨线经天桥，出站通过地道。候车室与站台垂直布置，旅客经前厅进入候车室后，顺前进方向就座候车，由另一端检票进站，路线明确，管理十分方便。

汉口火车站从前厅到候车室，采用大面积的钢网架屋面结构和28.8m跨的后张法预应力楼面大梁，获得宽敞、灵活的室内空间。裸露的网架构件和经过造型设计的轻型屋面板，配以淡雅的色彩显得格外新颖悦目。

立面造型简洁，体量感、时代感强，与广场交相辉映的"H"形宽大门楼，以及镀膜玻璃幕墙、宽敞的柱廊，都反映了这一特点。

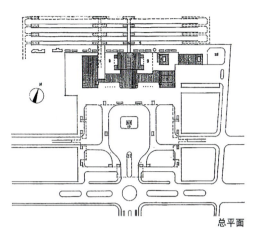

总平面

火车站全景

候车大厅内景

襄樊火车客运站——在原有建筑的基础上进行扩建，建筑面积 5100m²。以中转为主，设计考虑了近远期结合。远期可将母子候车室改作中转候车室，最高聚集人数 4000 人。客货运进出站流程短捷，候车面积集中。平面采用不对称布局，造型简洁。候车大厅光线充足，照明采用均匀顶射与高壁灯相结合的混合光源。广场采用伞型集中式灯塔。站内插入小庭院，气氛活泼。

火车客运站外景

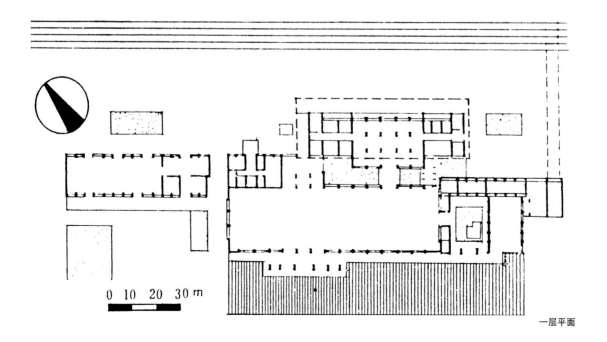

一层平面

武汉港客运大楼——坐落在汉口沿江大道江汉关附近,占地5.29ha,建筑面积34000m²,建筑总长约300m,宽46m,是目前长江沿岸乃至全国最大的内河客运港务大楼。中央大厅高25m,空间网架,壳形屋盖;左为14层塔楼,高51m;右为附楼,三者有机组合,浑然一体,高低错落,起伏跌荡,宛如一艘泊岸待发的巨轮,与环境十分和谐,建筑造型新颖,极富个性。武汉港客运大楼已成为武汉市标志性建筑之一。

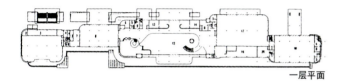

一层平面

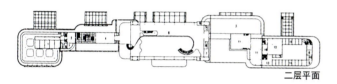

二层平面

立面

大厅内景

客运港全景鸟瞰

宜昌客运港——1990年3月竣工投入使用,建筑面积8700m²,每年客运吞吐量有200万人次。

宜昌港远景

宜昌港夜景

宜昌港雄姿

武汉天河机场航站楼——位于武汉市黄陂区天河镇，航站楼平面采用一层半布置方式，6个近机位，航站楼总长300m，呈梯形状，最宽处72m。层高4.8m，柱距8m，总高12.5m。总建筑面积3万 m^2，1993年建成。航站楼立面造型根据使用功能及节能的需要，屋顶形式辅以汉代建筑韵味，白墙、单蓝色镀膜玻璃、红色网架、自动扶梯、标志灯箱等，都体现出现代空港气息。

出口外景

大厅内景

首层平面

外景透视

汉阳汽车客运中心——位于武汉经济技术开发区内，市区中环线与318国道（汉宜公路）交汇处以北，站址周围交通条件便利，是武汉连接我国西北、西南等省市地区的重要交通运输纽带。

汉阳汽车客运中心总用地面积12.78 ha，总建筑面积1.2万 m^2，建设规模将满足日客运量15000人次、日发车量500班次的要求。建设内容包括5600 m^2的客运中心主站房、5000 m^2的综合楼、1500 m^2的附属用房。用地规划的其他设施包括：占地4 hm^2的长途车驻车场、站前广场、其他社会车辆及出租车停车场、预留发展用地等。

汉阳汽车客运中心是21世纪武汉交通运输的新型建筑，设计功能齐全，环境优美，采用现代声、光、电控的运行管理模式，对人流交通、旅客购票、候车、休息、服务等进行了有组织分区设置。大厅内设置了半椭圆形的2层空间候车休息厅，两端流线形楼梯造型，升腾了车站的内部空间组合。该车站建筑造型新颖、轻巧、富于流动感，大面积的绿色玻璃屏窗，视线开阔，富于空间张力，大片的草坪和绿色植物，给车站赋予生机与活力。

候车大厅

外观局部

沿街外观

武汉展览馆——位于汉口解放大道中山公园对面，原名"中苏友好宫"，是继北京、上海、广州之后为举办"苏联经济、文化建设成就展览"而设计建造的国内第四个同类建筑。1956年3月24日建成，一直是武汉市举办各类大型展览或展销的重要场所。展览馆占地11ha，总建筑面积23085m²，由"凸"形主楼和27个附属建筑组成。主楼前场宽130m、深120m，与中山公园门楼（楼顶为检阅台）分居解放大道南北两侧，形成城市中心广场。主楼建筑面积22570 m²，正中前部为中央大厅，后部为工业馆，两翼为农业馆、文化馆等，共计21个展厅。中央大厅为4层钢筋混凝土框架结构，总高25m，天棚嵌石膏花饰；工业馆长66m，高19m，四边2层回廊，屋面为拱行薄壳结构，中部拱跨30m；两翼展厅为2层。馆内设楼梯7部，地面以水磨石为主，局部铺缸砖和陶瓷锦砖，内墙粉刷白云灰，外墙面饰米黄色水刷石，馆内外各色花灯201盏，花饰46种2451件。整座建筑比例严谨，体型庄重，色调典雅，细部装饰丰而不繁。

该馆于1995年拆除，原址另有所建。

展览大厅

门厅

入口

展览馆全景

武汉国际会展中心——位于汉口商业中心区，南临京汉大道，北面为解放大道。该项目为武汉市重要的大型公共建筑，由地上建筑、地下建筑和广场三部分组成。总建筑面积12.7万 m^2，2000年建成。地下两层为展厅、备展厅、地下车库、商场及设备用房；地上5层为展厅、会议室、多功能大厅及配套设施等；广场分为南、北两个，南广场1.2万 m^2，为交通广场；北广场4.5万 m^2，为市民广场。展厅面积达4.8万 m^2。

武汉国际会展中心不仅很好地解决了使用功能问题和城市交通问题，更重要的是从城市设计的角度出发，强调建筑的文脉，注重新老建筑的沿承连续性，同时采用大量高新技术和现代建筑材料，体现出面向未来的新时代精神。

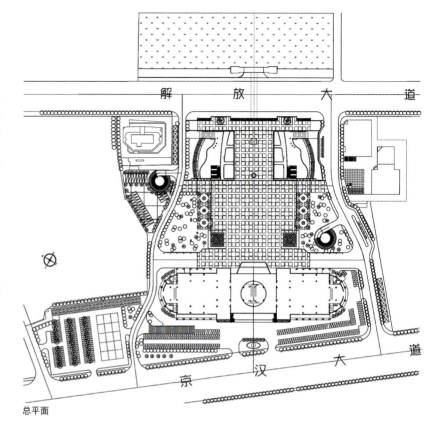

总平面

主立面外观

第六章 交通会展建筑

城市规划展厅内景

外观局部

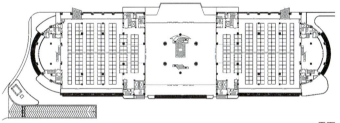

平面

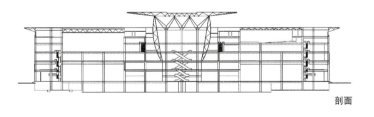

剖面

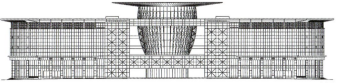

立面

武汉·中国光谷光电子大市场——武汉·中国光谷是国家光电子信息产业基地大型开发项目,光电子(核心)市场是其首批设施工程,是集光电子技术、产品交易、设备交流、展览、演示及商务办公等为一体的综合性建筑。总建筑面积7.3万 m^2,2002年建成。布局上,入口处椭圆形大厅为设计的重点部位,椭圆形玻璃顶通透明亮,与整个薄钢大屋面共同展现建筑在阳光下熠熠生辉的光谷标志性形象。

设计的形象强调建筑沿鲁巷环形广场弧形展开的宏伟气势,体量完整,造型独特,索膜结构、桁架结构、空间网架结构等的应用与相互穿插,充分体现了现代技术与建筑艺术的完美结合。

总平面

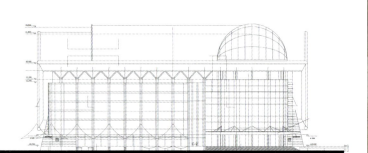

广场街景立面

四层玻璃光带

中庭顶部

全景外观

第六章 交通会展建筑

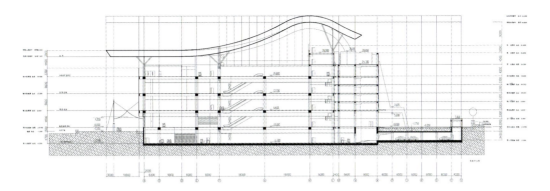

剖面

中庭全景

一层平面

民族大道夜景

第七章　纪念园林广场建筑

第七章
纪念园林广场建筑

1.纪念性建筑

湖北现代建筑中既有专题纪念性建筑，如20世纪90年代建造的中山舰纪念馆；也有名人纪念性建筑，如红安的李先念纪念馆、安陆的李白纪念馆太白馆。为了纪念楚文化的集大成者屈原，武汉在东湖以屈原人物及其政治抱负和艺术活动为主题创作、建设了游览风景区。风景区内建有屈原纪念馆和行吟阁、长天楼。

纪念碑在古埃及时代就被视作一种纪念性建筑。我国从近代开始接受西方这种传统做法的影响。湖北在建国后陆续建造了中苏友好纪念碑、防汛纪念碑，以及最近的三峡工程纪念碑。

在湖北，还有一些现代建筑，本身并不是为纪念性目的而建造，但是历史原因或特殊用途赋予了它们以纪念性意义，如汉口"水塔"。

2.风景园林建筑

湖北境内林木茂盛、水体丰沛，名山、胜景遍布各地，因而形成地方性风景园林建筑大观。

武汉自古"龟蛇锁大江"。20世纪80年代先后重修了龟山汉阳晴川阁和蛇山武昌黄鹤楼。阁楼依江相望，其间长江一桥飞架南北，把龟蛇两山的自然景致与人工景点串联成片，形成更大范围的风景名胜区。

90年代，汉阳重修了"古琴台"公园；武汉重点整治了东湖风景区，建设了东湖楚文化游览区，使之成为大型城市公共园林；位于东湖风景区中的武汉植物园则应视为园中园。

于2001年10月着手拆迁，2002年2月开工建设的汉口江滩防洪及环境综合整治工程上起武汉客运港，下至武汉长江二桥，总面积72万m²。工程一次规划二期建设，一、二期工程分别于2002年和2003年的"十一"建成并对外开放，形成了3.49km长，包含城市防洪、道路排水、园林景观、音响亮化、体育健身等五大工程类别的水景岸线，被誉为人与自然和谐的典范。该工程荣获全国人居环境奖和中国建筑工程最高荣誉奖——鲁班奖。

3.城市广场

20世纪50年代早期的武汉市城市总体规划就预留了广场用地，但到90年代以后，武汉才只建了几个实际上是交通枢纽的街心广场，如洪山广场、鲁巷广场。不过，洪山广场的建设也采纳了现代城市广场新的设计思想和原则：广场边界清晰、图形良好、铺装明快而丰富、周边建筑尺度基本上协调、统一；广场结合植被、水体布置，引进鸟类，显现出对于现代广场设计所讲究的"生态型"的追求；在空间处理上，适当划分出主、次领域，形成层级平面结构；同时又突破单一平面性，有节制地运用了高架及下沉地面等空间限定手法。

"步行街"则是近一、二十年从国外引进的一种新的城市开放空间，与城市广场具有近似的功能。在步行街的起点、终点和中心，有时也会设置小型广场。新世纪伊始，汉口建成湖北全省第一条真正意义的现代城市"步行街"——江汉路。设计包括三个方面：规划、设计街道及附设的广场空间；整治、改造临街的建筑物；更换铺装和街具，包括点缀街头小品雕塑。这些栩栩如生、具有真人尺度的人物雕塑，再现了老城旧街市井生活场景的一个侧面，传递着不同时代的历史信息。

4.实例

防汛纪念碑

晴川阁

安陆李白纪念馆太白馆

李先念纪念馆

武汉东湖行吟阁·长天楼

黄鹤楼

武汉东湖楚文化游览区

武汉洪山广场

武汉西北湖文化广场

江汉路步行街

汉口江滩防洪及环境综合整治工程

宜昌镇江阁

黄石人民广场

荆州江津湖

荆门盆景园

美丽的宜昌

宜昌秭归归州街

十堰概貌

防汛纪念碑——纪念碑位于武汉市汉口滨江公园江堤上，是1969年为纪念1954年防汛胜利而建，故名防汛纪念碑。纪念碑占地1160m²。台基高4.9m，正面与两侧设宽大台阶，四周围以护栏。碑身高37m，碑顶立直径1.8m五角红星，下饰红绸、葵花簇拥天安门图案。碑身正面镶嵌乳白色大理石，上有用铝板镀金制成的毛泽东亲笔题词："庆祝武汉人民战胜了一九五四年的洪水，还要准备战胜今后可能发生的同样严重的洪水。"题词上部红瓷砖上还嵌有毛泽东头像。基座正面镌刻毛泽东诗词《水调歌头·游泳》，左右侧面为武汉人民抗洪大型浮雕，构图完整，造型生动，气势宏伟。

外观全景

晴川阁——晴川阁位于汉阳龟山脚下，临江的"禹功矶"上。其主楼系1985年按清末古晴川阁形式复建。阁为两层，重檐歇山，青瓦飞檐，轻巧古朴，幽雅别致，具有浓郁的地方风格。它的建成，恢复并改善了该地区的环境，是武汉重要的历史名胜和旅游景观之一。

沿江外观

安陆李白纪念馆太白馆——安陆李白纪念馆太白馆建在市郊大凹山上，是纪念馆的主体建筑。设计为钢筋混凝土仿唐建筑，采用了重檐庑殿的造型。平缓的屋面举析，深远的出檐，高耸的鸱尾，硕大的斗栱，简朴的直棂门窗，清淡高雅的色调，充分反映了唐代建筑的特征。厅堂内有李白卧像一尊，陈列有各历史朝代编印的李白诗集、有关李白研究的学术论文及名人字画等。

在纪念馆总体规划中，还有展览室、园林、碑廊等内容待续建，全部建成后，将成为开展文化学术及旅游活动的理想场所。

纪念馆外景

李先念纪念馆——纪念馆是红安县委和中央组织部为纪念国家主席李先念筹建的一小型纪念馆，位于红安县烈士陵园内的西侧，和东侧的董必武纪念馆互为呼应，建筑面积 1950m²，1993 年设计，1997 年竣工。

设计采用庭园式布局，按要求除了序厅外还有四个展厅和一个电教厅。由于基地建于山坡，地形高差大，三个展厅及电教厅根据地段特点尽量保留原有绿化，使建筑物融入环境，结合原有地形，展厅利用绿化空地按垂直等高线布置。参观路线先上二层序厅，经内院悬挑楼梯下至一层，沿顺时针参观。从顶部到展厅的空间序列布置的优点是：在规模不大的小展厅中可减少土方，增加立面及展厅和庭园的空间层次，从入口序厅可看到错落有致的展厅，展厅呈有规律的等高组合，利用楼梯间作连接体，有强烈的韵律感。

展厅围绕内庭园组合，内庭园依地形高差分成三个不同高度的室外空间。连接序厅的庭园设有水池和悬空楼梯可加强上下联系。整个展馆范围不大，空间不高，显示了李主席平易近人的气质。

建筑设计简洁，立面仅用白色墙面和绿色琉璃瓦，序厅用大坡屋顶，其他展厅用小坡屋顶，设计强调空间和环境。由于充分利用基地的原有绿化、高差，体型简明而有变化，虽体量不大，但整个建筑组合有序、简洁动人。

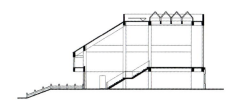

剖面

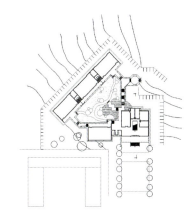

总平面

纪念馆内景

纪念馆庭院

纪念馆外景

武汉东湖行吟阁·长天楼——行吟阁和长天楼均为东湖风景区的重点游览建筑,1955年设计,1956年竣工。两建筑与隔湖的磨山遥遥相对。行吟阁前立有楚大夫屈原塑像,阁内贮有文物,登阁远眺,湖光山色尽入眼底。长天楼为游人休憩场所,底层设有茶座,并另附餐厅。楼层有贵宾休息室,可供吟诗作画。楼前开阔的草坪花坛与湖水相连,环境设计多姿多彩。

长天楼外景

餐厅外景

长廊外景

长廊圆门

茶亭外景

第七章 纪念园林广场建筑

长天楼全景

行吟阁外景

黄鹤楼——黄鹤楼是我国古代著名的楼阁建筑,相传始建于三国时期(公元223年)。

新建黄鹤楼于1980年设计,1985年竣工,建筑面积3395m²,是一座采用钢筋混凝土结构建成的仿古建筑,总高51.4m,共5层。外观造型"四望如一,层层飞檐","下隆上锐,其状如简",保持了明清黄鹤楼的基本风格和特征,并在原型的基础上有所发扬和创新。新楼的体量与尺度考虑到与环境的协调关系,既适应了楼址的狭窄地段,又保持了与长江在视线上的联系。

新楼的室内设计,分别以"神话"、"历史"、"人文"、"风尚"、"哲理"为主题,通过壁画、楹联、画屏、陈设等手段,形象地展现了黄鹤楼的历史文化内容,扩大并深化了建筑艺术的表现力。

黄鹤楼及其附属建筑西大门、牌楼、主楼、铜雕、亭轩等新建项目,均沿山脊布置,天然形成一条中轴线。轴线的西端保留了一座元代白塔(为古黄鹤楼旧址上的遗物),轴线的东端新立了清代黄鹤楼遗存的铜顶,以作为历史的纪念。

纵剖面

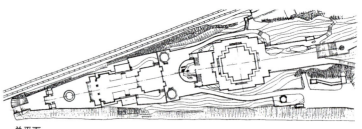
总平面

黄鹤楼远景

黄鹤楼夜景

庭院内景1

庭院内景2

白云阁

武汉东湖楚文化游览区——位于国家一级名胜风景区东湖的楚文化游览区,地处武汉东湖中心的磨山半岛,建筑面积5240m²,1990年设计,1991年竣工。这里山环水绕,林木繁茂,是武汉市的自然林区之一。根据这里的人文地理情况,设计构思上确立了尊重自然、创造园林环境、研究楚建筑基本语汇、创建湖北水乡特色园林的基本思想。游览区主要观景点有楚城门、楚市、楚天台等。

一、楚城门

楚城门是游览区主入口,为"景"、"门"合一处理,取楚都城旧制水陆城门并立,城墙结束部蜿蜒隐入山林,城虽短但有无尽之意。城楼为七开间庑殿式建筑,屋面上左右各突出一个望楼,具有我国早期防卫性建筑特点,是游人登临佳处。楚时陆门称凤门,水门称龙门,故陆城楼正脊用了"双凤托日"的装饰造型。跨水而建的水门,是规划中"龙舟竞渡"的终点站,平时供小游船穿行。

二、楚市

楚市是一条具有楚地民间风味的旅游商业街,其空间构成应用了中国画起、承、转、合的构图法。建筑吸取两湖民居吊脚楼露明穿斗构造等特点,依山就势,参差错落,色调古雅,层次丰富。

三、楚天台

楚天台是一座大型的楼阁式风景建筑,低于磨山主峰26m落位,依山而建,向上逐层后退,是楚建筑"层台累榭,临高山些"的典型格局。建筑前主轴线,是一条高达345级的花岗石蹬道,在相当于建筑高度的2倍距离处,设计了一组楚人图腾双凤铜雕,它既是建筑正面视线的收束点,也是山下仰望楚天台的风景框。各主要观景层均设有环形外廊,并将楚式吊脚楼嵌入其中,游人与观景台一起挑出主体建筑,融入天然图画。到顶层回廊,游人视线跃出山顶,山川风物尽收眼底。

楚文化游览区

游览区远景

楚城

楚天台局部

楚市

楚街

第七章 纪念园林广场建筑 **169**

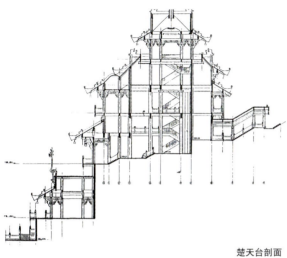

楚天台剖面

游览区总平面

楚天台雄姿

武汉洪山广场——新建的洪山广场是华中地区最大的，集科技、体育、文化、旅游、绿地为一体的一流大型现代化城市中心广场。中央广场总用地5.08万 m^2。以绿化、美化、净化、亮化为核心，全面改善景观面貌，是一处"以人为本"，创造开放、现代、文明、贴近市民的城市空间。

在平面布局上保留现有董必武铜像及音乐喷泉，以此两点为直线与中北路中心线相交，以此点为中心，建立一向心图案，突出重点。

广场按功能划分为观赏游乐空间、文化活动空间、纪念休闲空间三个部分。

以音乐喷泉为主题，硬质铺装为配景，供人们观赏游览，两侧配置大型观赏草坪，两条同向S型曲路（5.7m宽）贯穿其中，打破常规几何图案造型，产生强烈的流动感，两侧分别配以两条纵向小路（1.5m宽），使整个广场平面构图完整统一，利用现有喷泉机房屋顶设立观景平台，供群众鸟瞰全园。

中心设立直径100m圆盘，抬高地面1.5m，园内设直径60m下沉广场，增加竖向变化。内侧踏步四个方向分别设长为30m四处叠泉（与内侧踏步同向），中心设直径40m大型"火凤凰"地面铺装图案，形成大型集会空间，并突出"楚人尊凤"特点。圆盘南北向及东向分别设立大型花坛及模纵花坛，两侧花坛沿南北向各设28m×2.4m浮雕，西侧外踏步设三块7.8m×4.5m浮雕，体现湖北及武汉风情、历史文化，增加文化内涵。花坛顶端分别设立九个主景灯光柱，增加光影效果，突出广场特点。

以董必武铜像为主题，配以108棵雪松，增设3m×30m浮雕景墙，形成围合空间，体现纪念主景，两侧配置休闲游园供群众休息，为强调轴线关系，铜像两侧设方亭各一座，方亭造型采用现代构架方式，作为广场一景。

亮化设计方面，广场强调明暗变化，突出重点，体现个性。广场硬地采用定向地灯使地面发光，利于群众活动，配以草坪灯显示草坪轮廓。广场整体图案鲜明。中心圆盘抬起部分，设立发光光纤，产生奇妙效果。主景灯光柱荧光闪耀突出广场气氛。音乐喷泉配以冷源光纤照明，使光影变换无穷。

楚亭

楚文化浮雕

东入口山石标志

广场全景

武汉西北湖文化广场——西北湖文化广场北靠北湖，南临建设大道，东临新华下路喷泉公园，广场陆地面积1.6ha，水域面积4.5ha，绿化面积4174m²，停车面积2900 m²，可供人群活动用地为10034 m²，环境优雅，空间开阔，是目前汉口中心地区第一个中心开放型休闲、娱乐广场。

广场一角1

广场一角2

广场鸟瞰

江汉路步行街——江汉路是武汉市著名的百年老街,是城市重要的历史文化景观。南起沿江大道江汉关,北至江汉四路,全长1210m。规划确定了"一关鼎立,双轴交汇,主题鲜明,明珠镶嵌"的空间意象。步行街的特色在于在保护优秀的近代历史建筑和特色景观风貌的同时,通过挖掘城市历史文化内涵创造了高品质的空间景象;在开辟公共活动空间,焕发传统商业街新的生机和活力的同时,创造了"以人为本"的街道空间环境。

人头攒动

老街新貌

第七章 纪念园林广场建筑

老街生机

汉口江滩防洪及环境综合整治工程——汉口江滩防洪及环境综合整治工程上起武汉客运港，下至武汉长江二桥，总面积72万m²，平均整治宽度160m，吹填高程28.80m（吴淞高程）。工程一次规划二期建设，于2001年10月着手拆迁，2002年2月开工建设，分别于2002年和2003年的"十一"建成并对外开放。

汉口江滩工程按照"以人为本"的原则，突出人与自然的和谐，风格定位为"简洁、宁静、大气、开敞"，最终确定"一轴、三带、三区"的总体规划方案，形成3.49km长包含城市防洪、道路排水、园林景观、音响亮化、体育健身等五大工程类别的水景岸线。

工程规模：中心广场5000m²；露天剧场2400m²；码头文化广场25000m²；市政广场3600m²；玻璃步道1080m²；欧式园艺景区31000m²；国宾林7000m²；友谊林13000m²；疏林草地25000m²；休闲运动草皮23000m²；游泳池两座，面积4300m²；网球场14片，面积10000m²；健身器材183套；宽8m、长3.41km沥青车行道；宽24m、长1.54km硬质铺装林荫步道；宽8m、长3.49km硬质铺装步道；排水管网22000延米；全区音响、亮化和安全监控设施及远程中央控制系统等，总投资2.06亿元。

江滩鸟瞰

园林步道广场

欧式园林

第七章 纪念园林广场建筑 **175**

鸟瞰

玻璃步道

千米健身长廊

网球场

江滩景色

欧式园林

宜昌镇江阁——镇江阁是宜昌市三大古建之一。原镇江阁初建于康熙三十八年(公元1700年),是供奉镇江王神像的(镇江王即修筑都江堰的李冰父子),后毁于火灾,现已荡然无存。葛洲坝兴建后,市委、市政府决定重建镇江阁。

重建镇江阁坐落于宜昌市滨江公园上首,位于长江与三江的交汇处,建筑面积500m²,1986年设计,1987年竣工。平面呈十字形,三层重檐,下有须弥座,全高26.31m。须弥座由青石砌成,青石上刻有八条麦鳞长龙。须弥座上设有汉白玉雕花栏杆。

镇江阁是钢筋混凝土结构的仿古园林建筑,一层大厅高6.29m,由10根仿木雕盘龙大柱支撑。在二、三层外廊上各建盘龙柱12根,配上飞檐翘角、造形独特的脊、精细的梁头、垂花柱浮雕和鲜艳的彩绘,刻画出雄伟又秀丽的镇江阁。

镇江阁设计借鉴原建筑物的表现手法,保留了原建筑物的神韵,体现出强烈的地方特色。它为重檐歇山屋顶,黄瓦白脊,屋顶装饰有仙人和独角兽、草龙图案的翘角造形,雕花楠木门窗等,显示它与众不同的个性和地方特点。

镇江阁是龙的宫殿、龙的世界。须弥座上雕的是龙,石鼓上刻的是龙,34根柱上盘的是龙,正吻、翘脊、垂花柱头、山墙浮雕都是龙,共有330条,其寓意330工程——葛洲坝工程。

镇江阁

镇江阁夜景

黄石人民广场——人民广场于2000年8月黄石建市50周年时落成。它位于磁湖风景区中心，纵横三百亩，气势宏大，功能多元。背倚黄荆，层峦逶迤；面临磁湖，波光潋滟。斜枕一岗乔木，鸟鸣林幽；侧卧三叠池水，泉涌波流。中有丰草如茵，鲜花似锦；丹桂八月飘香，古樟四季长绿。山岚为之增色，湖光为之染翠；广场借湖山作映衬，湖山得广场而生辉。

广场夜景

广场鸟瞰

第七章 纪念园林广场建筑 179

广场全景

山·水·广场

荆州江津湖

全景鸟瞰

外景1

外景2

外景3

外景4

外景5

第七章 纪念园林广场建筑

外景6

荆门盆景园——盆景园位于荆门市象山东麓，于1993年设计，1995年竣工，占地面积20000m²，总建筑面积6000m²，北有宋代理学家陆九渊——陆夫子祠，东临碧波荡漾的竹皮河，南接唐安古寺遗址。象山顶上有烈士纪念碑、岚光阁，山腰上有闻名遐迩的二十四孝老莱子山庄，山下文明湖畔有龙、蒙、惠、顺四大名泉，文明湖下的文渊阁是陆九渊讲学论经之台。

本园占地面积仅为2hm²，要在这样有限的面积里再现典型的自然山水之美，并反映楚文化的内涵的确不易。在平面功能布局上采用了中国的传统造园手法，因地制宜，随坡就势，化整为零，将全园16个单体园林建筑依山势分布在不同的地点上，并将全园分为四个小景区，每个景区既相互联系又相对独立，虚中有实，实中见虚；用迂回方式组织游览线路，曲廊将16个单体建筑有机地连成整体，使游人在曲廊内随地势增高而引导向前观赏，达到了步移景异，小中见大的艺术效果。

在立面构图上巧妙结合地势，低洼处凿池引水为塘，西边建水榭，中间构筑拱桥，在园中高处布置中心展室，以达到空间组合序列的高潮。根据展室前地形高差，凿出一迭水瀑布宛如涓涓涌泉，展室及迭水与后面象山构成奇妙景观。达到了"虽由人作，宛自天开"的园林艺术效果。

建筑体型组合丰富，轻巧活泼、朴实大方，用现代建筑材料，现代技术表现了中国传统文化的丰富内涵。

盆景园鸟瞰

第七章 纪念园林广场建筑

盆景园大门

庭院内景1

庭院内景2

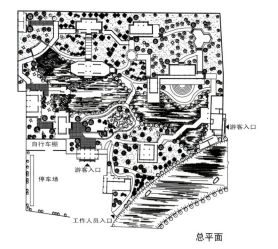

总平面

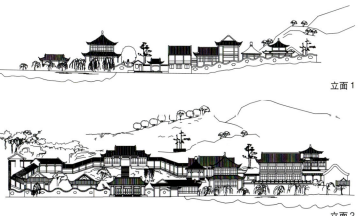

立面1

立面2

美丽的宜昌——宜昌有2400多年历史，古称夷陵，因"水至此而夷，山至此而陵"得名，是楚文化和巴人文化的发祥地，世界四大文化名人之一屈原和中国古代四大美人之一王昭君都诞生在这里。全市总面积2.1万 km²，其中城区面积4249 km²，城区人口133万。万里长江第一坝——葛洲坝电站、举世闻名的三峡工程都建在宜昌城区。

宜昌拥有丰富的自然资源。一是水能资源独特。水能可开发量达3000万 kW，占全国可开发装机的8%，长江流域的15%。三峡水电站、葛洲坝水电站、隔河岩水电站、高坝洲水电站总装机容量达2231万 kW，三峡工程建成之后，宜昌将成为世界最大的水电基地。二是旅游资源丰富。宜昌集历史文化与现代工程、自然风光与人文景观于一体，是中国优秀旅游城市。境内还有清江风光、三国遗迹、巴楚文化、民族风情等

教堂夜景

夷陵广场

自然、人文景观。随着三峡工程实现"蓄水、通航、发电",宜昌正逐步成为三峡旅游的中心城市和世界旅游目的地。三是矿产资源富集。四是生物资源多样。

宜昌境内由长江黄金水道、焦柳铁路、318国道,宜黄高速公路、三峡机场等构建了四通八达的交通网络,正在兴建的沿江铁路、沪蓉高速公路宜昌至万州段将使宜昌成为贯通中西部地区的重要交通枢纽。目前,已经形成了水运、铁路、公路、航空等立体运输体系。

近几年来,宜昌经济社会持续快速发展,经济增长速度连续多年高于全国、全省平均水平,综合经济实力不断增强,一批优势产业正在崛起,以旅游业为龙头的第三产业快速发展。

宜昌全景

宜昌风光

夷陵区滨河公园

三峡国际机场

滨江灯带

宜昌夜景

宜昌秭归归州街

归州街城门

归州街街景

城门框景

外观局部

归州街全景

十堰概貌——十堰市位于湖北省西北部，辖五县一市两区和一个经济技术开发区。全市总面积2.36万km²，总人口346万。十堰城区既是一座因车而建、因车而兴、因车而名的车城，也是一座灵山秀水环抱、四季风景迷人的山城、旅游城，是鄂豫川陕渝毗邻地区的中心城市。

现今的城区，因人们于清朝在百二河和犟河拦河筑坝十处以便灌溉，由此得名十堰。1967年，国家为建设第二汽车制造厂（现东风汽车公司），设立了郧县十堰办事处，1969年12月经国务院批准成立十堰市（县级市），1973年升格为省辖市。1994年10月，原十堰市和郧阳地区合并，成立新的十堰市。

十堰矿产水力资源丰富，林特资源闻名遐迩，茶叶、食用菌产量丰富，质优品高。旅游资源更是得天独厚，十堰是三峡 神农架——武当山——西安黄金旅游线上的一颗璀璨明珠。境内有道教圣地武当山，有名扬中外的郧县猿人遗址和恐龙蛋化石群，有亚洲第一大人工湖——丹江口水库，还有新近发现的鸟脚类恐龙骨架化石。

十堰又是一座新兴的现代化汽车城，是东风汽车集团总部所在地。东风汽车公司跻身于世界三大卡车厂家之列，已与世界30多个国家和地区的200多个厂家建立了贸易联系。全市与东风汽车公司配套的地方工业企业多达200余家，具有很强的综合配套能力。

十堰市具有良好的投资环境。近年来，城市基础设施建设突飞猛进，服务功能不断完善。目前十堰城区已建成20多条街道，道路绿化率达到62%。文化、教育、卫生、体育、科教等设施配套、功能齐全。交通通信便捷，襄渝铁路横贯东西，209和316国道交汇十堰，四通八达。汉江黄金水道运输可通江（长江）达海（上海）。与老河口和襄樊两机场毗邻，班机可直飞北京、上海、广州等大中城市。随着火车提速、（武）汉——十堰（堰）一级汽车专用公路及十堰空港的建设，交通条件将进一步改善。十堰市邮电通信已实现了传输光纤化、长途自动化。全市供水、供电、供气、供热等设施的综合配套服务能力居国内先进水平。

第七章 纪念园林广场建筑 189

十堰市全景

第八章 广电通信建筑

第八章
广电通信建筑

1. 广电传媒建筑

广电传媒建筑的主体，主要包括广播电台、电视台的技术用房和办公用房两部分。技术用房完成制作、复制、合成、播出、传送，以及采集、编审、监听等项工作，因而建筑功能复杂，专业性强，其主要附设建筑发射塔，由于特有的超高度和新造型，往往作为城市的标志。20世纪60年代建于汉口解放大道上的广播大楼，既现代又具有一定的传统风格。80年代在汉阳龟山顶上建造了华中地区最高的广播传媒建筑——湖北广播电视塔。

2. 电信电力建筑

20世纪80年代初在武汉洪山广场一侧建造了综合性的武汉长途通信枢纽大楼，楼内设置了电力、载波、电话、长话、传真、微波以及自动转报、数据传输等现代化通信工艺。为适应工艺机架大排列布置的要求，大楼采用了13m单跨多层框架结构，是我国通信网中重要的枢纽站。

进入90年代，中国的电信事业发展突飞猛进、日新月异。在武汉洪山广场北侧建造了全省最大的电信局武汉电信大厦。大厦一至四层为8000门程控电话机房，二十至二十三层为无线电通信机房，其余为各类办公用房。建筑线条挺括、体量高大。

90年代，湖北出现了以电子计算机、互联网为支撑的新型电信建筑武汉信息港。武汉信息港坐落在东湖高新技术开发区，这里是武汉电信建筑集中的地区，信息港建筑造型简洁、明快、具有强烈的时代感。而这种在高新技术条件下出现的全新功能内容的建筑类型迅速向各个地区城市蔓延。

交通系统的通信楼、电力系统的调度楼在功能上有一定的差别，但为了划分上的简便，本书仍将它们归类为电力电信建筑。新世纪三峡大坝蓄水完成，宜昌成为水力电力中心，建造了配套的电力电信建筑。

3. 实例

武汉人民广播电台大楼
华中电管局调度大楼
湖北广播电视塔
湖北省电力局电力调度综合楼
湖北省电信指挥调度中心大楼
武汉电信大厦
十堰电信大楼

武汉人民广播电台大楼——位于汉口解放大道,1959年建成使用。

武汉人民广播电台大楼外观

华中电管局调度大楼——位于武汉徐东大街,1982年建成,是当时国内最高的电网调度大楼,大楼内拥有现代化的通信网络设备,通过电子计算机和其他先进技术装备可以合理安排和调度华中四省用电负荷。大楼总建筑面积15000m²,包括微波塔台共24层,建筑高度包括微波塔架为105m。

华中电管局调度大楼外观

湖北广播电视塔——坐落在风光秀丽的龟山之巅,背依汉水,面对长江,登临塔楼,东可俯瞰晴川阁,西能观赏归元禅寺、古琴台,与黄鹤楼隔江相望,相映成趣。湖北广播电视塔,海拔标高为311.4m。塔净高221.2m,塔楼建在104m至135m之间,设旋转餐厅、茶座瞭望厅和露天平台,供旅游活动面积共为740m²。湖北龟山电视塔是我国第一座自行设计施工,结合旅游的多功能电视塔,由前国家主席李先念亲笔题写塔名,并于1986年12月正式对外开放旅游。湖北电视塔是武汉市最高的建筑物,能同时接待300人游览。在这里俯视武汉三镇,如登白云,临空鸟瞰,令人流连忘返。

莲花湖·大桥·电视塔

湖北省电力局电力调度综合楼——位于武昌梨园，由33层的电力调度主楼、16层的技术培训楼等用房组成。主楼前设计有开阔的绿化广场，广场下设地下车库。主楼一至四层为对外业务办公、会议中心，五至三十二层为办公室、各类业务与专用设备层，三十三层设主调度室，顶部有高10m的钢结构微波通讯塔。培训楼一至三层为综合部，四至十六层为客房层。总建筑面积5万m²，1997年建成。

主楼为八边形平面，通过虚实面的渐变表达开放与增长的意念，斜边与圆筒成为与培训楼统一的要素。顶部玻璃体通过斜向切割打破了体形的单调，体现了玻璃体的反射特性与造型魅力。

培训楼斜面和弧面的伸出交点界定出与主楼功能分区的界限，向两侧分别导入两个不同的入口，其高层部分通过有高度变化的筒体丰富了板式体形。

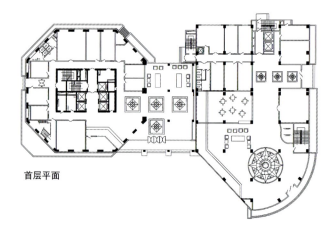

首层平面

沿街外景

湖北省电信指挥调度中心大楼——位于汉口火车站以北、常青路以东，建筑地下1层，地上13层，总高度60m，是湖北地区电信网络建设、协调发展及调度使用的核心机构，属一类公用建筑。一至六层为综合办公、会议室、专用设备层等，七至十二层为标准工作间。总建筑面积20700m²，2001年竣工。

主楼平面为一个内筒和两个扁圆形工作区组成，其构思源于磁铁和磁力线圈，较好地寓意了调度中心的职能。主楼东西立面弧形实墙形成挺拔而柔和的体形，弧墙顶部转为四只鸿雁的造型，形成飞鸿实业的标志形象。裙楼造型以水平线烘托主楼的高耸气势，并与主楼中部横构图相呼应。

沿街外观

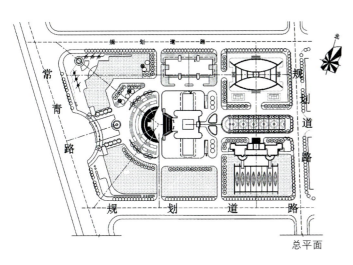

总平面

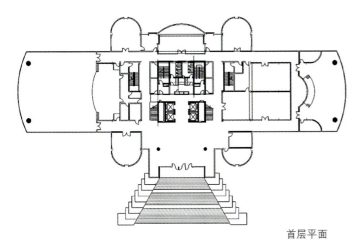

首层平面

外观局部

196　湖北现代建筑

全景鸟瞰

武汉电信大厦——地处武昌地区中心区。主入口面对中北路洪山宾馆,与洪山广场毗邻,使用功能布局为:一至四层8000门程控电话机房和122故障台,二十至二十三层无线电话通信机房,其余为各类办公室。

建筑设计与景观及周围环境相呼应,充分利用有限的用地,合理布局,塑造了与其企业性质相符的建筑形象,成为武汉市通信与信息建设的枢纽。

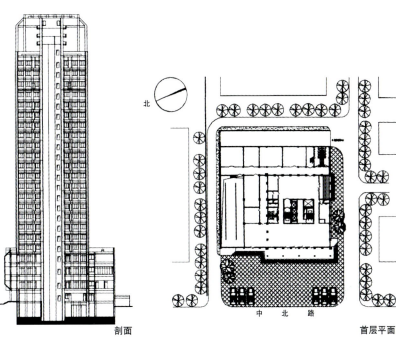

大厦外观　　　　　　　　剖面　　　　　　　　首层平面

十堰电信大楼——大楼位于十堰市中心五堰电信局院内,占地4800m²,总面积21300m²,主楼28层,地下两层,总高度135.2m。由于地势较低,技术高度必须达100m以上,才能满足空中电信走廊要求。电信发射塔高23m。

地下室为消防水池,配发电、空调设备用房;一至三层为门厅、业务厅及管理用房;四至十二层为配线、机房和管理用房;十三层为档案室;十四层为避难室;十五至二十五层为办公;二十六至二十八层为机房。

利用地形高差形成南、北两个出入口,人流互不干扰。北侧营业大厅高6.3m,南大厅高4.2m,为大厅保卫服务用房。

立面采用155系列全隐幕墙,外墙银白色铝板,热反射型绿色镀膜玻璃,裙楼采用银灰色火烧板装饰。整体虚实对比强烈,突出了入口,加重了高层建筑底部的稳重感。凹凸、横竖结合的开窗方式,使建筑产生厚实、丰富的光影效果,具有强烈的现代感、时代感。整体色彩调和、线条流畅、靓丽挺拔、造型别致、耳目一新。

在有限的用地内,巧妙布局,使功能、使用、外观协调统一,具有创造性和浓郁的时代感。不同角度和方向均有理想的外观造型和构图效果,成为城市视角中心。

电梯间、消防楼梯布置,人流不存在交叉和回头现象。较好解决了通风、采光问题。智能化布线槽、电信管道井、通风井布置科学合理。内部装修用料精细、典雅大方。单回路城市电网供电,自备发电机,形成双回路供电。消火栓系统到顶。大楼具有自喷淋灭火和自动报警,两部防烟楼梯;应急照明和疏散指标;全空调系统,节能门窗。

为丰富城市夜景,大楼设有景观照明。

大楼雄姿

第九章 住区规划与住宅建筑

第九章
住区规划与住宅建筑

1. 居住区规划

近代武汉建设的里坊式居住区"里分"十分有名。而且至今仍是一种无法替代的城市居住形态。20世纪50~60年代，通过学习前苏联，受到现代主义"临里单位"住区设计观念的影响，湖北建成一批早期现代城市居住区"工人新村"，大多采用"兵营式"的行列式布局。

进入八、九十年代，住区规划成为楼盘开发的重要环节。由于精心设计，精心施工，真正做到经济效益、环境效益和社会效益的完美统一。

20世纪90年代中期，国家科委会同有关部门联合启动"2000年小康型城乡住宅科技产业工程"，及其"城市示范小区规划设计导则"。这一系列重大举措，有力地推动了湖北地区居住区规划和住宅建设。这期间建成的武汉常青花园四号小区和武汉南湖的宝安小区都是这一时期的代表工程。

开发部门基于住宅商品的强烈意识，强调节约用地，也推出了一些较高建筑密度和较低的绿化指标的小区规划设计，如武汉万松园住宅小区，梅岭小区等，设计中每一个组团有一块接近居民的公共绿地，并将绿化活动场地布置在组团中心，由住宅将绿地与组团内部的交通完全隔开，真正提供一个"闹中取静"的场所。这些住宅小区既保证了日照间距、良好通风，又在防止视线和声音干扰等环境质量方面有了较多的改进。

为满足不同居住需求，湖北还开发了标准较高的别墅住宅及仕区，如虹景花园等。这些别墅由于别致精巧的空间组合、完美的平面布局，深得住户好评。随着外商、外资纷纷进入湖北市场，国内著名的房地产业如杭州"东湖林语"、深圳万科"城市花园"也到武汉落地开花。

进入21世纪，随着人民生活水平的提高，为了满足人民群众日益增长的住房需求，加快住宅产业现代化的步伐，进一步提高住宅建设水平和建设质量，国家建设部在"安居工程"、"住宅小区试点"和"小康住宅示范工程"的基础上，近年又推出"国家康居示范工程"。康居示范工程是我国目前住宅产业的最高水平和发展方向。武汉绿景苑住宅小区是湖北省首家创建国家康居示范工程的居住社区,占地面积 8ha，总建筑面积10.69万 m^2，容积率1.48，绿地率45.8%。它以"江南园林式现代民居，科技绿色健康"作为设计的宗旨，以"科技与绿色"为主题，突出绿色、生态、环保、健康以及可持续发展等新理念，根据武汉地区的地理、气候特征及建筑材料和部品部件的供应状况，结合产业化现状和发展前景以及社会经济发展水平，采用了8类技术体系、62项新技术，具有"节能、环保、安全、和谐"四大特色。它积极采用符合国家标准的节能、节水的新型设备与材料，鼓励利用清洁能源；采用住宅综合节能设计技术：外墙采用聚苯颗粒保温砂浆或EPS外保温隔热体系，外窗采用双层中空玻璃塑钢窗，户门采用保温型防火门，屋面采用聚苯颗粒保温砂浆，节能率达到41％。它是一个环境优美、规划合理、适用方便、科技含量高、质量全优并实行全封闭物业管理的住宅小区，既符合康居小区示范工程的发展方向，又获得了良好的经济效益和社会效益。该工程2005年荣获建设部首届全国绿色建筑创新三等奖，国家康居住宅示范工程规划设计金奖和建筑设计金奖。

2. 住宅建筑

湖北的武汉等城市20世纪50年代曾照搬前苏联模式，不分地区及气候条件兴建了一些所谓"合理设计不合理使用"的住宅。60年代，湖北建筑师依靠自己的智慧设计出湖北省计量局宿舍等一批结合武汉地区特点的带厅小住宅。80年代初湖北曾建造了一批装配式大板住宅，不仅为住宅施工生产向工业化方向发展创造了条件，同时对大板住宅的保温、隔热、隔声均作了科学研究和技术改进。

进入90年代以来，受市场经济的强力推动，我国居民住宅逐步实行商品化开发。在新的形势下，一方面，湖北开始实施国家小康住宅计划，大规模建造经济、适用住房；另一方面，私人购房住户的需要更加多样化、个性化。这些住宅不仅在采光、通风、隔热、隔声、保温、色彩等物理环境上充分满足了家庭生活的需要，同时充分体现了新的生活美学。

"欧陆风"吹过之后，住宅建筑外观造型已回归简洁典雅、新颖别致。湖北省航运综合楼采取锯齿型平面布局，外观色调在白色主体上，将窗组成一条条垂直的浅蓝色带，结合转折的墙面，形成丰富的光影变化；同时明快的蓝白色彩既增强了建筑的可识别性，又似乎给炎热的武汉增添了一丝清新。

近几年来，一些住宅建筑实现高层建筑与居住功能的复合，另外，也设计了一批又一批标准较高的别墅住宅。

3.实例

武汉常青花园四号小区

武汉宝安花园

武汉东湖林语

绿景苑

秭归橘苑小区

宜昌兴山县新县城三号移民居住小区

武汉香格里嘉园

武汉常青花园四号小区——常青花园四号小区是建设部正式批准的全国第五批城市住宅试点小区之一,规划总用地 27.52hm², 容积率 1.25, 绿地率 40%, 总建筑面积 320000m²。设计构思坚持以人为本,结合自然环境和历史人文条件,充分把握综合效果,注重生态环境设计,在小区大面积绿化的同时,结合阳台和屋顶部分形成空间绿化体系,使居民享有清新的空气、明媚的阳光和宁静的空间,创造了一个"舒适、优美、安全、文明",融自然建筑、景观于一体的富有特色的居住生活小区。

布局上采用了围合式规划结构理论,其规则布局为辐射式,小区中心与六个组团建筑空间形成一种汇交辐射的秩序,采用多级多进的序列化空间,由小区-组团-住宅群落三级模式构成,其特点是规划结构空间序列明确,组团结构严谨,单体错落层次分明。同时,在小区主干道设置林荫绿化带,将不同空间相联系,形成不同层次的点、线、面、块的丰富空间序列,为小区居民提供良好的交往场所。

在小区的设计中,高度重视其科技含量,大力推广和应用新技术、新工艺、新材料和新产品等"四新"技术,让科技为人所用,为人们的日常生活服务。

总平面

组团内景 1

中心花园鸟瞰

组团内景2

武汉宝安花园——宝安花园位于武昌南湖，总建筑面积138151m²，属于"低投入、高品质"的中档商品住宅小区，其环境及空间充满了人性化。小区花园居住单元及单体丰富多样，共有30多种户型以供客户选择。与一般的组团式结构模式不同，宝安花园以有规律组合加小院式的结构构成小区的基本要素，形成既有规律又有变化的住宅群体，采用小区—邻里院落两级结构的模式，以温馨的邻里单元和具有传统韵味的院落构成小区的空间，空间序列层次丰实。同时，设计中尽量将所有住宅南北向布置，使每一幢楼宅都具有良好的自然条件和通风条件，并通过大面积色彩一致的单体设计来增加空间视觉的丰富感。

小区用现代建筑的语言和手法，结合中国住宅建筑的传统要素，如南向露台、北向退台设计，参差变化的坡顶造型等，将现代构成主义与传统粉墙、黛瓦的单坡顶组合，含蓄而典雅，使现代住宅流露出东方神韵。

总平面

组团内景1

组团内景2

组团鸟瞰

武汉东湖林语

小区游泳池

武汉东湖林语

小区内景1

小区内景2

小区内景3

小区一角

绿景苑——武汉青山绿景苑是湖北省首家创建国家康居示范工程的居住社区,位于武汉市青山区三干道之南,西邻园林路,北接钢都花园,东距拟建的天兴洲大桥 4000 余米,北距武青三干道 400 余米,南距东湖风景区 2000 余米。绿景苑占地面积 8hm²,总建筑面积 10.72 万 m²,容积率 1.52,绿化率 45.8%。它以"江南园林式现代民居,科技绿色健康"作为设计的宗旨,以"科技与绿色"为主题,突出高科技、智能化与绿色生态居住建筑相结合的健康生活理念,突破传统思维模式,凸现自由式整体规划的特色。

绿景苑定位为"科技住宅、绿色住宅、健康住宅",其建设主题是"人与自然的亲和——21 世纪的家园",坚持"以人为本"的建设理念。它以市场需求为导向,以安全、适用、舒适、经济、健康、美观为标准,从总体规划、景观配置、户型结构、功能配套、建筑质量到住宅建设的全过程,引用了绿色、生态、环保、健康以及可持续发展等新理念,采用大量先进、成熟的新材料、新技术、新设备、新工艺技术,是一个环境优美、规划合理、适用方便、科技含量高、质量全优并实行全封闭物业管理的住宅小区,为业主提供优美舒适的居住环境。

在总体规划和单体设计中,根据绿景苑小区所在地的现状、环境、发展规划综合考虑,提出切合实际的规划思路和设计构思。小区在科技创新上具体表现为:大开间梁板体系、加气混凝土砌块体系、住宅综合节能设计技术、住宅智能化系统、太阳能热水器和草坪灯、中水回用系统、管道纯净水供应技术节能箱式变压器、部分住宅全装修等几个方面,体现了小区的实用性、先进性、超前性,既符合康居小区示范工程的发展方向,又能获得良好的经济效益、社会效益。

总平面

小区景观

组团内景1

组团内景2

第九章 住区规划与住宅建筑 **207**

绿化广场1

绿化广场2

组团内景3

秭归橘苑小区——秭归橘苑小区位于秭归县城中心,规划用地16.5ha,建筑面积16.8万 m^2。

小区设计结合地形,以绿地为中心,构成金橘苑、红橙苑、黄果苑、橘香苑四大园区。在建筑风格上,突出峡江特色、楚文化特色和时代特色,广泛采用新滩民居中的白墙、青瓦、坡屋顶、马头墙、吊脚楼等形式,在金橘、红橙、黄果、橘香四大园区分别体现楚国古建筑中干阑、曲屋、层轩、都房的结构和特点,使建筑造型优美,新颖流畅,古朴典雅,活泼生动。

橘苑小区被建设部列为全国第四批城市住宅小区建设试点。自1996年开始建设,至1998年基本建成。

小区鸟瞰

组团内景1

组团内景2

组团中心广场

宜昌兴山县新县城三号移民居住小区——随着跨世纪的工程——三峡工程在宜昌的兴建,地处宜昌市西北部,坝区上游的兴山县县城成为移民搬迁区。

本居住小区位于新县城中心区西端三号地块,东临丰邑大道,南接龙珠路(临街全部为公建办公用房),西抵昭君路,北面是山体,形成背靠山体,前临城市中心区的自然地理特征。坡度较大,高程为247.2~265.50m。地形呈三角形并不规则,形成数级平台,其中东低西高,北低南高,且西端部分台地低于城市干道。城市道路依山傍势,形成自然交叉的城市交通网络。本地块用地面积约8.38hm²。总建筑面积96000m²。

总平面

小区绿化1

良好的空间环境是居住小区的必备条件。本居住小区根据新县城中心区的地理环境，合理地利用了地块之间的高差，形成了经济实用而又富有变化的外部空间。整个地块根据地形分成一个个高低错落的平台，以平台作为一个组团，共分四个组团，中间设置了小游园、文化娱乐场所，成为整个小区的中心；各主要干道以及两个交叉口上形成了较佳的对景。在组团内部有意围合成相对安静的空间院落，使居民室外活动与交流随心所欲。各个组团之间的高差，利用台阶相接，空间相互贯通，从而形成有机的整体空间环境。各个组团内部院落的绿地与整个小区绿地通过各式绿化挡土墙、步行梯道相接，形成了立体全方位的绿化环境。通过合理的平面布局，利用南高北低的有利自然条件，采用条、点式相结合设计，扩大通风采光面，各住宅内部及室内均有良好的通风及日照，为居民提供了安居与享受的生态环境。

立面设计采用典雅的建筑风格，创造出别具一格、亲切宜人的住宅外观。坡屋面的大量采用，既考虑日照斜射的影响，又丰富了山区立面。

小区绿化2

小区绿化3

武汉香格里嘉园

香格里嘉园外景

第十章　桥梁工程构筑物

第十章
桥梁工程构筑物

1. 桥梁建筑

桥梁自古属于重要的建筑类型。后来桥梁工程作为一门独立的学科，从建筑学分离出去。随着现代大建筑学观念的形成，新一轮结合又开始。

1956年，湖北省在武汉龟蛇二山之间，选址建造了长江历史上第一座现代大桥。1957年通车的武汉长江一桥为公路、铁路两用桥；8墩9孔；桥头堡沿袭中国传统方攒尖顶亭阁式建筑形式，引桥则采用了俄罗斯式欧洲古典券拱结构，象征着当时的中苏友好时代主题。

改革开放后，长江水道湖北段又建造了好几座跨江大桥，如武汉长江二桥、宜昌西陵大桥等。这些桥梁充分运用结构美学与建筑美学原理，成为城市的重要景观。

2. 工程构筑物

工程构筑物一般不设置建筑那样的内部空间，但可以具有同建筑一样的巨大体量和精美造型。水利电力工程构筑物是湖北现代建筑的重要类型。

湖北是全国的水利电力大省。全省各地都建有大型水利或电力工程构筑物。特别是长江葛洲坝、三峡特大型水利枢纽工程，国家投入巨额资金、组建专职队伍，历经几十年建设，其成就举世闻名。

3. 实例

武汉长江大桥
恩施野三河桥
武汉长江二桥
宜昌西陵长江大桥
宜昌长江公路大桥
三峡工程覃家沱特大桥
宜昌夷陵长江大桥
武汉白沙洲长江大桥
长江三峡水利枢纽工程
丹江口水利枢纽工程
葛洲坝水利枢纽工程
隔河岩水利枢纽工程
高坝洲水利枢纽工程
武汉市龙王庙险段综合整治工程

武汉长江大桥——位于汉阳龟山和武昌蛇山之间，是在长江上修建的第一座大桥。该桥于1955年9月开工建设，1957年10月建成通车。大桥的贯通使"天堑变通途"，将武汉三镇连为一体，打通了被长江隔断的京广铁路线，是中国人民第一次跨越长江天堑的伟大胜利。

武汉长江大桥是一座公路铁路两用桥，上层为公路桥，下层为双线铁路桥。桥梁总长度1670m，其中正桥长1156m，为三联连续钢桁架梁，每联3孔，每孔128m，梁高16m。武昌岸引桥工303m，汉口岸引桥长211m，钢筋混凝土梁结构。上层公路桥桥面宽18m，设六车道，人行道宽2.5m，桥梁跨度128m。下层铁路桥长1315m。桥梁下部结构为大管径管柱基础。

武汉长江大桥凝聚着设计者匠心独具的智慧和建设者们精湛的技艺。桥梁米字型钢桁架、35m高具有中国特色的桥头堡、造型千变万化的栏杆图案，都使该桥自成一体、别具特色，成为中国桥梁建设史上的一座丰碑。

大桥雄姿

恩施野三河桥——野三河桥位于湖北省恩施土家族苗族自治州建始县与巴东县交界处，跨越清江支流野三河，为1孔90m矢度1/7等截面悬链线箱形拱，全长118.90m，桥面宽7m + 2 × 0.75m(人行道)，拱圈高1.6m。桥址处为悬崖峭壁，岸坡度大于82°，桥面高出陡谷底部125m。拱圈分5段预制，采用无支架吊装施工。野三河桥由国家交通部第二公路勘测设计院设计，湖北省公路管理局施工，于1977年竣工。

目前，野三河桥是穿越恩施自治州境内的318、209国道的必经之地，其上游正在修建宜万铁路、沪蓉西高速公路特大桥。

野三河大桥

武汉长江二桥——武汉长江二桥位于武汉市内武汉长江大桥下游6.8km处,全桥长4688m,正桥长1877m,设双向六车道并配两侧人行道。主桥结构形式为主跨400m的双塔双索面预应力混凝土斜拉桥。桥面总宽29.4m,梁高3m,桥塔为H形钢筋混凝土结构,桥面以上塔高94m。桥墩基础采用双壁钢围堰钻孔桩基础,承台直径25.6m。主梁采用悬浮体系,并在塔下设纵向约束,为双边箱开口型截面。

设计理论方面主梁按部分预应力设计,并开发了无应力索长控制软件系统,开展了抖振研究和抗振实践,这些均在国内开创了先河;研制并于国内首次采用了抗高温平行钢丝冷铸锚斜拉索系统;主梁安装采用500T级牵索挂篮,一次浇8m,并采用适时跟踪监控系统实现斜拉桥安装、线型、索力高精度。

该桥由中铁大桥勘测设计院设计,中铁大桥局集团有限公司施工,1995年建成,荣获1997年国家科技进步一等奖、中国建筑工程鲁班奖、湖北省优秀工程设计一等奖。

武汉二桥1

宜昌西陵长江大桥——西陵长江大桥位于三峡大坝中轴线下游4.5km处,是长江上的第一座悬索桥,为单跨900m的钢箱梁悬索桥,刚建成时其跨度在同类型桥梁中居国内第一、世界第七。大桥全长1118.66m,主跨900m,全宽21m,双向4车道。常水位最大通航净空30m。该桥于1993年12月动工兴建,1996年8月建成通车。

武汉二桥2

大桥全景

宜昌长江公路大桥——宜昌长江公路大桥位于中国湖北省宜昌市，是沪蓉国道主干线在湖北省境内跨长江的一座特大型桥梁，桥址位于东汉末年三国时期"夷陵之战"的古战场遗址—猇亭，桥址北岸距宜昌城区中心约15km，距三峡机场约8km，距上游的葛洲坝22km、三峡大坝约50km，距下游的枝城长江大桥约45km。2001年9月19日正式建成通车。

宜昌长江公路大桥为主跨960m单跨悬索桥，一跨过江，主桥无深水基础，桥址北岸临江岸为陡崖临空，高度达60余米。临江中部有5～10m深的风化凹槽，陡崖存在江水冲刷坍塌后退的可能性。南岸临江地势相对较平坦，临江面坡度较小，并呈阶梯形，但在临江坡面有多条夹层，岩石较破碎。根据地形条件，北岸主塔墩布置距岸边约40m处，地面标高73～77m。南岸主塔墩根据主墩基础以"基本避开夹层，不加大主跨跨度"原则而布置。主塔墩位于长江常水位边，距岸边约25m。该处地面标高约为36～39m。

悬索桥主跨跨度为960m，主梁简支在两侧桥塔横梁或交界墩承台上。主桥南岸通过三孔30m简支梁桥同南岸互通工程相接，北岸通过跨度为16m、20m、25m空心板组合的引桥跨318国道、接北岸接线工程。主桥桥梁全长1206m。

宜昌长江公路大桥

三峡工程覃家沱特大桥——三峡工程覃家沱特大桥位于三峡大坝下游长江左岸，横跨升船机及临时船闸下游引航道，上距大坝轴线1000m，左侧距长江边50～100m，是连接引航道左、右岸江峡大道的一座多功能特大重载桥。该桥是联系坝区前后方惟一的陆上通道，桥梁建成后，大坝左岸主体工程大坝、电站、通航建筑物中共计3000多件金属结构和机电设备重大件，大江截流所需建材物质，二期工程施工出碴料及沙石、水泥、钢材等建材等都是通过大桥运往前方的。三峡工程建成后，大桥成为坝区交通干线的重要组成部分。

1994年10月，水利部长江水利委员会提出《三峡水利枢纽江峡大道覃家沱大桥方案研究》，完成了覃家沱大桥桥址方案的选定。长江委设计院依据招标设计审查意见于1995年8月完成了《覃家沱特大桥工程项目招标文件》的编制工作，于1995年12月提出了全部施工详图。覃家沱特大桥工程项目于1996年元月9日开工兴建，1997年10月1日建成通车，历时20个月，建筑安装工程投资约3600万元。

大桥全景

宜昌夷陵长江大桥——夷陵长江大桥位于湖北省宜昌市，连接市区南北两岸，距葛洲坝水利枢纽下游约 7.6km，跨江主体为三塔中心索面展翅梁斜拉桥，长 936.43m，跨径布置为 120.08m+348m+120.35m，是目前万里长江上独一无二的新桥型结构。大桥设计采用了多项新技术，结构处理极具特色。斜拉桥中塔处塔梁固结，两边边塔处侧塔梁分离为漂浮体系，同时边跨箱梁后填低标号混凝土压重并设单支点辅助性桥墩。夷陵大桥三个桥塔的高度不等，其中中塔承台以上塔高 126.0m，两边边塔塔高 106.5m，呈对称布置。桥塔塔身上段为适应中心索面的格局均采用倒 Y 型结构，下段则顺应水深涨落变化大等流态因素采用实腹宽肩式梯形墩身。斜拉桥主梁为预应力混凝土展翅梁，截面形式为带伸臂桥面板倒梯形单箱三室结构并在纵向以采用连续配置的体外预应力束为主。大桥的斜拉索采用了全封闭钢绞线拉索新体系，在主梁上按中心索面、间距 8m 一对均匀布置。

该桥由中铁大桥勘测设计院设计，中铁大桥局集团有限公司施工，于 2001 年 7 月底建成。大桥先后荣获 2002 年中国铁路工程总公司优秀工程设计一等奖、2002 年中国建筑工程鲁班奖、2003 年湖北省优秀工程设计一等奖、2003 年建设部优秀工程设计二等奖、第四届（2004 年）詹天佑土木工程大奖。

大桥全景

武汉白沙洲长江大桥——武汉白沙洲长江大桥位于武汉长江大桥上游8.6km处,是武汉市境内的第三座长江大桥,大桥全长3586.38m,其中主桥长1078m,为50m+180m+618m+180m+50m双塔双索面钢—混凝土混合梁飘浮体系斜拉桥,主跨618m,主梁全宽30.5m。针对地基承载力极低的情况,主梁在中跨及部分边跨采用钢箱梁,其余部分采用混凝土箱梁。钢箱梁高3m,宽30.2m,横断面采用两个分离式单箱断面,中间用横梁连接,全部采用栓接工艺施工。混凝土箱梁在钢箱梁两端各长87m,外型与钢箱梁相同,充分发挥锚跨刚度。斜拉桥桥塔为钻石形预应力混凝土结构,全高174.75m。桥塔两侧各24根拉索,其中最长拉索330m,安装了黏性阻尼器。大桥合理的布置使结构具有优越的受力性能,材料用量显著降低。在水深流急的长江上,主塔墩设计采用了大型吊箱围堰高桩承台钻孔桩基础,成为开拓性的成功范例,不仅降低造价、加快工期,且为类似工程提供了新的选择。该桥于2000年建成,通车之时为跨度居世界第三的大跨斜拉桥。

武汉白沙洲长江大桥1

武汉白沙洲长江大桥2

武汉白沙洲长江大桥3

长江三峡水利枢纽工程——长江三峡水利枢纽工程，位于长江三峡西陵峡中段的湖北省宜昌市三斗坪镇，距下游长江葛洲坝水利枢纽和宜昌市约40km，是以防洪、发电和改善航运为主要功能并具有巨大的养殖、旅游等综合利用效益的特大型骨干工程。坝址以上控制流域面积约100万km^2，多年平均径流量4510亿m^3，多年平均流量14300 m^3/s。三峡水库正常蓄水位175m。大坝为混凝土重力坝，坝顶高程185m，全长2309.5m，最大坝高181m。

三峡工程从20世纪50年代开始勘测、规划、设计与研究，1984年水利部长江水利委员会完成了长江三峡水利枢纽150m方案的可行性研究报告并经国务院批准。1986年组织重新论证，经过近3年的补充论证，重新编制了《长江三峡水利枢纽可行性研究报告》。1992年4月3日全国人大七届五次会议审议并通过了兴建长江三峡工程的议案，随后，长江水利委员会全面开展了三峡工程的初步设计工作。初步设计报告分为枢纽工程、水库淹没处理和移民安置、输变电工程三大部分，1992年底，完成了《长江三峡水利枢纽初步设计报告》（枢纽工程）。1993年5月由国务院三峡工程建设委员会组织专家对该报告进行审查并予以通过。

三峡工程分三期施工，总工期17年，其中一期包括施工准备工程在内5年，二期6年，三期6年。三峡工程于1993年开始施工准备，1994年12月正式施工，1997年11月8日大江截流，2002年11月6日右岸导流明渠截流，2003年6月水库蓄水至135m、双线五级船闸通航，7月左岸电站首批机组发电，预计2009年全部工程竣工。

左岸厂房

工程全景

泄洪口裁

大坝全貌

丹江口水利枢纽工程——丹江口水利枢纽工程是我国50年代开工建设的、规模巨大的水利枢纽工程，位于湖北省丹江口市汉江与其支流丹江汇合口下游800m处，具有防洪、发电、灌溉、航运及水产养殖等综合效益，并为将来引水华北实现南水北调中线工程提供重要水源，是开发治理汉江的关键工程。丹江口初期工程由挡水坝、坝后发电厂、通航建筑物、泄洪建筑物工程四部分组成。

挡水建筑物全长2468m，其中混凝土坝全长1141m，最大坝高97m，由58个坝段组成，自右至左坝段编号为右13～右1、1～44坝段。8～32坝段为宽缝重力坝其余坝段为实体重力坝，3坝段设垂直升船机；8～13坝段设12个宽5m、高6m泄洪深孔（其中1号深孔已改为自备防汛电站引水道）；14～17及19～24坝段设20个宽8.5m的溢流表孔；18坝段为非溢流坝段，坝体上下游接混凝土纵向围堰；25～32坝段为电站厂房段。右岸土石坝长130m，最大坝高32m。左岸土石坝长1197m，最大坝高56m。左右岸土石坝均属土质心墙或斜墙坝。坝后布置6台电站厂房，单机容量为15万kw，总装机容量为90万kw，年发电量为38亿kwh。右岸布置一座一线150t级垂直升船机。

另在陶岔及清泉沟分别修建了灌溉引水渠首工程及引水隧洞进口工程。陶岔引水渠取水口将作为南水北调中线工程取水口。

丹江口水利枢纽升船机设计于1978年获全国科学大会奖。

丹江口水利枢纽工程

葛洲坝水利枢纽工程——葛洲坝水利枢纽是长江干流上兴建的第一座大型水利水电枢纽工程。它是长江三峡水利枢纽反调节水库和航运梯级,具有发电、航运、旅游等综合效益。同时修建葛洲坝工程也为兴建三峡水利枢纽作实战准备。

葛洲坝水电站系径流式电站,装机21台,总装机容量271.5万kW,保证出力76.8万kW,多年平均均电量157亿kW/h,是华中电网的骨干电源,并可向华东地区输送部分电能,后期与三峡电站联合运行还可增加发电效益。

葛洲坝汛期回水110km,到达湖北巴东,枯水期回水约200km,抵三峡进口的奉节附近。为保证长江航运畅通,枢纽二条航道三座船闸,近期年单向通过能力2000万t,运期为5000万t,可通行万吨级大型船队。

枢纽设计洪水流量为86000 m³/s,校核洪水流量为11000 m³/s,大坝设计蓄水位为66m,校核洪水位为67m,水库总库容15.8亿m³。坝顶高程70m,最大坝高53.8m,枢纽坝轴线全长2606.5m,枢纽布置左右两侧为三江、大江人工航道,中间为电站厂房和泄水闸,具体建筑物左边为土石坝,三江人工航道内布置三号及二号船闸和六孔冲沙闸及上游防淤堤。二江布置7台机组厂房(二台17万kW,五台12.5万kW)和二江27孔泄水闸,大江布置14台12.5万kW机组厂房,大江航道内布置一号船闸和九孔泄洪冲沙闸以及上游防淤堤,右侧为混凝土重力坝与右岸山坡相连。

枢纽主体建筑物工程量有:混凝土约990万m³,土石方开挖约5000万m³,其中第一期工程混凝土约580万m³,土石方开挖约4000万m³。

工程于1970年12月30日动工,由于一些重大技术问题未得到解决,1972年11月暂停施工,1974年10月工程复工,1981年大江截流,1986年大江机组开始发电,1989年工程完工,设计总工期17年。实际工程投资48.48亿元。

1984年二江工程获国家优秀设计奖,1985年二、三江工程及其水轮发电机组获首届国家科技进步特等奖,1987年获国家优秀工程勘察金质奖,1997年大江工程获国家优秀设计奖。

葛洲坝水利枢纽1

葛洲坝水利枢纽2

葛洲坝水利枢纽3

隔河岩水利枢纽工程——隔河岩水利枢纽工程位于湖北省西部清江下游长阳县境内。清江是长江出三峡后接纳的第一条较大支流，全长423km，流域面积17000km^2，基本上为山区。流域内气候温和，雨量丰沛，平均年雨量约1400mm，平均流量440m^3/s。开发清江，可获得丰富的电能，还可减轻长江防洪负担，改善鄂西南山区水运交通，对湖北省及鄂西南少数民族地区的发展具有重要意义。

全流域可开发装机容量为329万kW，相应年电能105亿kW/h。经规划研究，清江干流恩施市以下河段分三级开发，自下向上依次为：高坝洲（蓄水位80m）、隔河岩（蓄水位200m）、水布垭（蓄水位400m），总装机容量305万kW，年发电量81亿kW/h。

隔河岩水利枢纽因其效益巨大，交通便利而首先兴建，为滚动开发清江流域打下基础。工程于1987年开工，1993年首台机发电，1996年建成。工程主要建筑物为重力拱坝最大坝高151m，坝顶长653.5m，水库总容积为34.54亿m^3，电站总装机容量为121.2万kW，年发电量30.4万kW/h，一座两级垂直升船机，通航吨位为300t，水库深水航道91km，升船机年单向通过能力为170万t；同时水库可发展水产养殖业和旅游业，工程效益显著，电站为华中电网主要调峰电站之一，水库调蓄洪水，可解决清江下游20年一遇防洪问题并减轻长江荆江河段的洪水威胁。隔河岩工程由国家和湖北省合资兴建，总投资49.88亿元。

隔河岩水电站1999年获国家第六届优秀工程勘察金质奖；泄洪消能设计获省科技进步一等奖；重力拱坝获1998年水利部优秀工程设计金质奖，并获1999年国家第八届优秀设计金奖。

隔河岩水利枢纽1

隔河岩水利枢纽2

隔河岩水利枢纽3

高坝洲水利枢纽工程——高坝洲水利枢纽工程位于湖北省宜都市境内，是清江口的最下游一个发电梯级，也是隔河岩梯级的航运反调节梯级，主要任务是发电和航运。

枢纽布置自左至右为左岸非溢流坝，河床式电站厂房，深孔泄洪坝段，表孔溢流坝段，升船机坝段及右岸非溢流坝段。坝顶长419.5m，最大坝高57m。正常蓄水位80m，水库库容4.3亿m^3，坝区回水长50km，与隔河岩电站尾水相接。

深孔泄洪坝段共3个坝段，每个坝段宽17m，孔口尺寸（宽×高）9m×9.4m，设弧形工作门和平板检修门。表孔溢流坝段共6个坝段，每个坝段宽17.5m，设弧形工作门和平板检修门。河床式电站设在左岸共3台，机组段长78m，安装厂长46m。升船机设在右岸，为一级垂直升船机，采用湿运方式，承船箱有效尺寸（长×宽×高）42m×10.2m×1.7m，通航吨级300t，设计年运量近期67.8万t，远期173万t。电站装机25.2kW，年发电量8.98亿kW/h。枢纽主要工程量：土石方开挖220万m^3，土石填方103万m^3，混凝土104万m^3，钢筋1.89万t，金属结构1.24万t。第一台机组发电工期4年，总工期6年。按1992年物价水平，设计工程概算静态总投资13.77亿元，其中水库淹没处理补偿投资2.71亿元。

工程于1993年进行施工准备，1994年主体工程开始施工，1997年第一台机组发电，1999年除垂直升船机外的工程全部完建。升船机工程由于和隔河岩升船机同步建设，目前仍在施工中。

高坝洲水利枢纽工程设计获2002年水利部优秀工程设计金质奖。

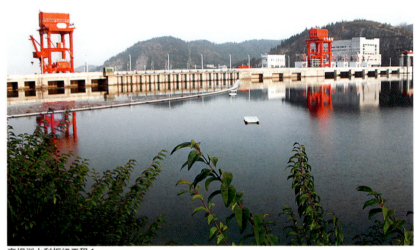
高坝洲水利枢纽工程1

高坝洲水利枢纽工程2

武汉市龙王庙险段综合整治工程——武汉市龙王庙险段位于汉江入汇长江口门河段汉口岸，自集家嘴码头至鄂四码头（堤防桩号38+900～39+980），全长1080m。由于汉江口门河段河道急剧弯曲，受两江水文条件影响，水流形态复杂，河床冲刷严重，岸坡陡峻，严重影响防洪、航运安全。龙王庙险段堤外无滩，深泓逼岸，堤内是汉口闹市区，全国著名的汉正街小商品市场即坐落于此，堤线后退无路，防守困难。龙王庙险段由于长期以来未得到根本治理，历年险情频繁，是汉口市区堤防的重大隐患，是武汉市确保堤防中的薄弱环节，一旦失守，后果不堪设想，造成的损失将不可估量。因此，龙王庙险段历来是各级政府防汛的重中之重，实施龙王庙险段的综合整治工程显得尤为迫切和必要。

针对龙王庙险段迎流顶冲、岸脚淘刷、堤内渗水等险情，确定整治的原则是固守汉口岸，扩挖汉阳岸，改善汉口岸的近岸水流条件。

汉口岸加固设计的重点是提高岸坡整体稳定性和岸脚防淘刷能力，并加固老驳岸墙及解决防渗等问题。主要工程项目有护岸固脚、护坡防冲、钻孔灌注桩抗滑、驳岸墙加固、防渗和防水墙内侧排水工程，此外还有险段范围内的码头改造工程。采取抛石还坡，上覆混凝土铰链沉排的方法，解决护岸固脚问题；设钻孔灌注桩，解决岸坡整体稳定问题；新建以钻孔灌注桩为基础的挡土墙，解决老驳岸墙的稳定问题，沿老驳岸墙和驳岸平台上垂直和水平铺设复合土工膜，并在防水墙内侧人行道下设导渗沟，解决渗透稳定和散浸问题。

汉阳岸工程设计的重点是削挖岸坡，增大口门段过水断面，降低断面流速，并使汉口岸顶冲点下移。工程的主要项目有削坡开挖、护坡防冲、抛石护脚、驳岸墙和码头重建等。

龙王庙险段综合整治工程施工于1998年12月开始，至1999年6月主体工程完工，1999年底龙王庙险段综合整治加固工程全部完成。1999年汛期长江武汉关水位达到28.89m，为历史第三高水位，在经受了历时2个多月的汛期高水位浸泡后，汉口整治段1080m堤内无一处渗水、漏水，沿江大道上各种机动车辆照常行驶，市民照常工作，生活井然有序，丝毫感觉不到防水墙外滔滔洪水的威胁。与1998年洪水期形成鲜明的对比。通过汛期考验，龙王庙险段综合整治加固工程在抵御99年大洪水中发挥了较大效益。证明龙王庙险段加固设计方案及措施合理可行，效果十分显著，达到了龙王庙险段综合整治的目的。2000年11月武汉市龙王庙险段综合整治工程通过了竣工验收。

铰链沉排护岸施工

龙王庙工程全景

水上世界人行栈桥

第十一章 工业建筑

第十一章
工业建筑

1.厂房建筑

湖北在20世纪50~60年代设计了武钢、武重、武锅、武船、冶钢等一大批国家重点工业厂房；70年代，湖北为国家三线建设又设计了大量的国防工厂以及第二汽车制造厂等工业厂房。

80年代以后，由于结构设计理论和工业化建造方法日臻完善，厂房建筑形式也出现了多样化，体量单纯、色彩明快、整体造型标志性大大增强；结构柱网和建筑空间大幅度扩大，照明、空调、减噪设施完善，生产环境质量显著提高。

武汉高压试验大厅就是集高科技技术于一体的大型建筑。湖北省邮电光缆通讯楼、武汉复印机总厂、〇六六工程红峰机械厂精密装配净化楼等厂房建筑，满足了超净化车间的各项指标。

随着新一轮技术革命的深入发展以及新兴工业的崛起和传统工业的技术改造，工业建筑设计发生了质的变化。它已从传统工业建筑理论、设计方法、技术措施和建筑形式中脱胎出来，并以新的效能发挥它的综合效益。人性化、生态化、智能化和高技术化成为厂房建筑设计和厂区环境经营的新理念。

2.工业园区

工业园区是一种高度集约化、高度自动化的新型工业建筑群类型，80年代从国外引进以后，在湖北得到迅猛发展。现代高新科学技术水平的迅速提高，人机之间从早期的形体上联系，转入现代以遥控、遥测的智能关系为主，以满足产品生产对高精度超净化的要求；同时，随着多学科、多工种实现集成网络、协同攻关，从而促成大型科技工业园区的产生。

从90年代开始，湖北在省会武汉大投资、大规划、大设计，启动了东湖经济技术开发区建设。其中既有国营工业园，也有民营工业园；同时，武汉地区武汉大学、华中科技大学、武汉理工大学等几乎所有的重点高校都纷纷在此另外征地，建设了相对独立于校本部的工业园区，扩展服务教学、科研的范围。

3.实例

武汉锅炉厂
武汉重型机床厂
武昌造船厂
湖北省计量局
第二汽车制造厂总装厂
二汽变速箱厂主厂房
二汽技术中心新区
东风公司柴油发动机厂
神龙汽车有限公司一期工程
武汉市可口可乐饮料厂
武汉市白鹤嘴水厂
黄石市花湖水厂

武汉锅炉厂——武汉锅炉厂建厂于1956年，占地面积89hm^2，现有职工5000余人。工厂设有锅炉设计研究所、焊接实验室、测试中心，以及众多的制造分厂和车间，拥有铸、锻、冷作、装配、焊接、机加、热处理等各种工艺手段，设备先进齐全，检测手段完善，技术力量雄厚。

武汉锅炉厂1992年被国家经贸委评为中国工业技术开发实力百强企业，1993年作为国内同行业惟一代表被国家确认为首批40家"国家认定技术中心"，1994年被列为全国100家现代企业制度改革试点企业之一，1995年被列为全国500～1000家大型优势企业。武汉锅炉厂和世界知名公司，如德国BABCOCK公司、美国ABB-CE公司、英国MBEL公司保持着密切的往来和技术合作关系。

武汉锅炉厂

武汉重型机床厂——武汉重型机床厂是我国"一五"时期156项重点工程之一，该厂是我国制造数控重型和超重型机床的大型骨干企业。1956年4月开始兴建厂房，1958年6月底全部竣工，1958年9月26日通过国家验收委员会鉴定，准予全面投产。至此，机床厂共完成55个项目，建筑面积达25万余m^2。安装工业管道、煤气管道27万m，电气网路（不含弱电）61km，各种设备2480台。

其后20多年里，工厂又进行了多次扩建和技术改造。至1985年底，共完成投资总额1.78亿元，全部建筑面积扩至51.86万m^2，设门类齐全的铸锻热机加工、装配、恒温等26个车间，新建了现代化的超重型机床加工总装车间，拥有固定资产原值1.77亿元，各种设备2782台，其中金属切削机床835台，锻压设备48台。

该厂是国内最大的重型机床厂之一，生产能力和潜力在机床制造行业中均占领先地位。企业先后为我国的机械、能源、航空、航天、军工、交通、化工等行业提供了一万多台重大设备，并向北美、中东、东南亚、非洲等地区的20多个国家出口产品。以CK53160数控16m单柱立式移动车床为代表的一批高科技产品填补了国内空白，为国家重点工程项目作出了重要贡献，武重还被誉为机床制造业的"亚洲明珠"。

厂区鸟瞰

武昌造船厂——中国船舶重工集团公司武昌造船厂是我国内地最大的综合性造船企业,具有设计、建造、修理8000 t级以下各类船舶的生产能力。船舶产品远销到德国、挪威、香港、埃及、孟加拉等国家和地区。它先后建造了国内最大的1750m/h绞吸式挖泥船、4800t成品油轮、1000m³液化气船、4990t原油轮以及海监船、渔政船、集装箱船、汽车滚装船、高速客船、豪华游船、旅游观光潜艇等。工厂大力开发非船产品,取得了一、二、三类压力容器制造许可证、设计资格认可和多项成套设备的制造安装许可证。开发的产品涉及到大型钢结构桥梁、航天、水电、石化、冶金、高层建筑钢结构、港口机械、成套设备制造等众多领域,建造过西昌卫星发射塔架、酒泉航天发射中心技术厂房非标准机构设备及加注系统、葛洲坝船闸、三峡大坝永久船闸、北京京广大厦以及西陵长江大桥、厦门海沧大桥、江阴长江大桥、武汉白沙洲大桥、重庆鹅公岩长江大桥、宜昌长江大桥、重庆忠县长江大桥、贵州北盘江大桥等大型桥梁的钢结构。

厂区鸟瞰

湖北省计量局——湖北省计量局位于武昌东湖路口,第一恒温楼建筑面积 5800m² (含 900 m² 恒温面积),1966 年建成,使用效果优异,此后续建了第二恒温楼。

第一恒温楼是一幢计量综合性建筑,包括长、热、力、电、无线电、物理化学等六大类计量业务,用以保持计量标准值的统一检定传达,并开展部分计量科学研究工作。建筑物具有以下特征:一、恒温检定室常年温度基数为 20℃,温度精度分为 ±0.5℃,相对湿度 50%~60%;二、防微振满足读数示值为 0.2μm 仪器的正常使用;三、防尘,空气中含尘量不超过 0.5μg/m³,粒径不大于 10~15μm;四、恒温检定室室内噪声声压级不超过 40dB,个别房间还有防腐蚀、电磁屏蔽等要求。

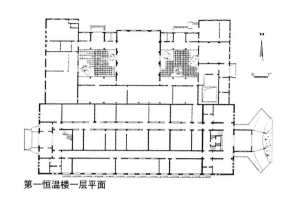

第一恒温楼一层平面

第一恒温楼外景

第二恒温楼外景

第二恒温楼侧立面

第二汽车制造厂总装厂——该厂年生产能力为10万辆,有当时国内汽车工业新建的最大的总装配车间,车间建筑面积24381m²。

平面设计结合山区地形特点,采用阶梯形布置手法,明沟排水。内部设置了三条自动化程度较高的装配线。土建根据工艺装配要求,在车间内设置了悬挂吊车。主车间平面柱网力求统一,屋面梯形钢屋架的跨度为24m、27m。预制工字形柱,断面仅一种,构件类型少,从而加快了施工进度。在屋架下面悬挂着交错密集的悬链运输线。为了使之适应性强,安装方便,设计上考虑了统一荷载类型、节点的做法。

车间内大量有害气体,采用地沟抽风的办法,将其排出室外。

总装车间内景

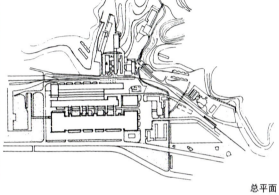

总平面

厂区鸟瞰

二汽变速箱厂主厂房——变速箱厂位于湖北省十堰市花果，由杂件、同步器、轴齿的机械加工，热处理，装配，试验，毛坯库，协作配套件库，成品库，理化，精密检测，地下油库，生活办公楼等部分组成。整个厂房采用"集中式"大型联合厂房形式，建筑面积共计30526m²，工程采用大跨柱网。工艺布局合理，建筑造型适宜，色彩淡雅，线条清新明快，结构合理，动力管线设计恰当。1986年设计，1987年9月竣工。

厂房设置了通长带形天窗，在屋面上设置了屋顶风机，按需排除加工中产生的粉尘和烟汽等有害物质，有效保证了多跨厂房采光和通风换气要求。

率先采用了在整体地坪上作沉坑基础，有集油管和排水管相接，解决了国内普遍存在的液压清洗、试验设备漏油、漏水污染生产环境的难题。

"集中式"布置厂房，物流路线大大缩短，合理的工艺流程使物流顺畅，避免了零件加工中的往复运输，配备的普通悬链、自行单轨小车系统，提高空间的利用系数，辅以精巧的工位器具更减少了零件的磕碰伤，提高产品质量。全车间有良好的工艺调整性，便于改变产品、扩建、改造。

动力管线设计创新采用动能集中控制，分车间计量，方便能源管理。

冷、热加工变压器供电联络，确保了关键设备的安全生产；机加工部分，采用低压侧集中或分散补偿，提高了主母线功率因素，降低线路压降损失，提高了变压器和主母线的供电能力。

"三废"治理效果好。对废水、废气、废油等工业污染源，均设计相应的处理系统。实行污水分流，简化污水处理工艺流程，节约处理费用。对通风，除尘装置的风机，增设降噪装置，均达到国家排放标准。对油水污染严重的设备，采用下沉基础，集中收集废油、废水，保证生产工位清洁，解决了我国密封元件不过关致使液压设备漏油漏水、严重污染生产工位、不能文明生产的通病，并且废油集中收集再生，每年节约的经济效益十分明显。

二汽变速箱厂主厂房

二汽技术中心新区——二汽技术中心位于湖北省十堰市张湾，由主楼、汽车造型室、计算站、学术报告厅、产品试验室、发动机试验室、转鼓试验室、工艺试验室及各种动力站房、库房组成。共有13栋建筑物，建筑面积共计39654m²，是二汽汽车产品技术、工艺制造技术的综合开发试制鉴定阵地，是二汽中、长期发展的技术支柱。1982年到1986年设计，1987年10月竣工。

本工程在土建、给排水、采暖通风，供电等专业设计中采用了一些当时国内较先进的技术方案。如：高噪声的发动机台架试验间内部采用铝合金微穿孔吸声墙面和吊顶吸声减噪，隔声采用双层铝合金隔音门和双层中空玻璃观察窗；集中设置稳压变压器，解决各试验室在工作中仪器、设备不可能同时使用，产生的用电负荷不均衡而引起的测试数据不准确度；采取全屏蔽或局部屏蔽的措施，避免试验装置对周围仪器、设备产生干扰；对产品试验室的局部地坪设计了大面积的固定式带梯形槽金属试验平台，满足平台的安装技术要求及有效减振；对综合性强的10层主楼设计了完善的排烟系统，对各房间的烟感自动报警器和风管内温度都设信号检测装置，实现对新风、排烟系统状态的转换并互封。风机采用双电源供电；采用当时国内尚未有成熟经验和数据的低毒、灭火快、不损坏设备的"1211"卤代烷消防设施，一次设计试验成功；对发动机试验室的空气状态在温度、湿度及压力三元素进行控制，在汽车行业达到领先水平。该项目获1991年全国优秀工程设计银奖。

二汽技术中心新区

东风公司柴油发动机厂——东风公司柴油发动机厂引进美国康明斯B系列柴油机产品技术及工艺制造技术,年产量6万台。

工厂占地面积19.23hm²,其中工业建筑面积6.4万m²。采用生产车间和管理部门集中在一个大屋顶下的工厂设计,物流合理顺畅,生产、管理紧密结合,主厂房呈"Π"字形,面积47034m²,屋架下弦标高8m。采用高精度、自动化工艺装备为该厂工艺设计显著特点。由935台设备组成的24条加工自动线及生产流水线,承担缸体、曲轴等八大零件的制造和发动机总成装配、试验、油漆等工作。

车间内景

工厂外景

神龙汽车有限公司一期工程——神龙汽车有限公司一期工程是中法合资兴建的国家"八五"计划重点建设项目。在武汉和襄樊两地分别建设总装配厂和机加工厂。1992年9月至1995年底,基本完成了占地189ha总平面工程和60个建设子项52万m²建筑面积的厂房施工图设计。2000年11月竣工。

本项目的工艺设计引进了大量国外先进技术及工装设备,同时充分利用国内和东风集团公司的装备、制造能力,采取联合设计、制造的方式,应用了相当数量的国产设备和工装,实现柔性多品种混流生产。整体工艺水平达到国际90年代初期的先进水平。

建筑、结构、总图及公用工程的设计,从中国国情出发,吸收国外建筑行业的先进技术,大面积采用了独立开发设计的15m×15m无柱间支撑大柱网有悬挂不同荷载的钢结构屋盖体系,技术通廊的结构形式,全钢框架高强螺栓连接,大型钢筋混凝土叠合板框架结构及彩色钢板屋面及围护结构等新技术、新结构、新材料、新工艺。根据工艺要求成功的对焊装、涂装、总装、发动机、车轿、变速箱等五大生产厂房(总面积达27万m²)实施大面积空调设计。为配合生产需要,建成了一批规模大,科技含量高的动力站房和能源供应系统,五年生产运行证明设计合理,使用正常,为汽车生产提供了有力保障。

车间内景1

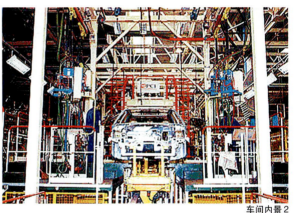

车间内景2

车间内景3

神龙汽车公司武汉工厂外景

武汉市可口可乐饮料厂——武汉市可口可乐饮料厂位于沌口武汉经济技术开发区内,是一座中外合资重点工程项目。武汉市可口可乐联合厂房占地6.7ha,总建筑面积41158m²。主厂房平面为方形,内部按生产工艺要求布置,屋面采用大距离螺栓形网架(跨度144m×172m)。厂房立面简洁大方,外墙白色面砖和铝合金窗组合,顶部饰以红色檐口线。该饮料厂是亚洲21个可口可乐厂中最大的一座厂房。

车间内景

厂房外景

武汉市白鹤嘴水厂——武汉市白鹤嘴水厂位于武汉市慈惠墩，工程占地11.8ha，1992年竣工。工程总规模100万 m^3/d，一期工程25万 m^3/d，由取水泵房、净水厂、配水管道组成。工程建成投产至今，运行效果良好，出水水质优于国家规定的有关水质标准，深受业主的好评，并获得建设部和湖北省优秀设计二等奖。其主要特点如下：

1. 取水采用湿井泵房，选用进口变频潜水泵，较常规固定泵房土建节省投资约40%，运行可根据汉江水位的变化调节扬程，节约大量电费。

2. 平流沉淀池改变过去在末端设指形槽的集水形式，将集水槽沿导流墙伸入池中1/3处开始收集沉淀水，具有构造简单，不影响吸泥桁车行程，并能防止末端矾花上翻，确保沉淀出水水质的特点。

水厂沉淀池

3. 滤池是我国首座自行设计的气水反冲V型滤池，采用均质滤料，具有配水均匀，滤料不板结，运行周期长，出水水质好，运行费用低的明显优点。该滤池设计、施工一举成功，为今后的气水反冲滤池设计积累了很多宝贵经验。

4. 运行、管理全部采用自动控制，减少了大量管理人员，降低了运行成本。

水厂全景

取水泵房

综合楼

黄石市花湖水厂——花湖水厂位于黄石市黄石大道与大泉路交汇处，占地面积16.8ha，工程总规模60万m³/d，2001年竣工。

工程由取水泵房、净水厂、两座加压站、4km原水管、11km清水管及33km配水管组成，投产后运行效果良好。其主要特点如下：

1.由于长江原水浊度高、泵房机组多、流量扬程变化大，因此在工程中选用五台MN型卧式污水泵，其独特的安装方式较好地解决了同等传统卧式泵机组在圆泵房内布置困难、通道拥挤的问题；其高效(88%~89%)、低耗、耐磨损的优良性能克服了普通大流量、中扬程清水离心泵固有的缺陷，不仅满负荷时年电耗可省200万kW/h，而且大大减少了因水泵磨损带来的维护工作量；其安全、可靠、经济的运行实践为今后的工程设计提供了宝贵经验。

2.净水厂采用了管式混合、折板絮凝、平流沉淀、气水反冲洗均粒滤料过滤、液氯消毒、高浊时投加助凝剂等先进工艺，且厂区布置紧凑、流程顺畅。在保证V形滤池处理效果的前提下，取消了单格出水堰，减少水头损失约0.3m，仅一期每年即可少耗电5万kw/h。在高浊时间歇性投加聚丙烯酰胺，改善絮体沉降性能，确保出厂水质稳定达标。

3.本工程考虑到向黄石、大冶两市供水的特点，大胆采用区域供水方案，打破行政区划界限，直接将清水输送至大冶市，彻底解决了长期困扰大冶的水源问题。在设计中针对地面高差大（最大30m）、配水管线长（最远28km）的特点，采用分压供水方式，高低压泵搭配、长距离转输与就近直供相结合，确保了两市用户的供水要求。

4.厂区原为渔塘，下部软土层分布广、厚度不均，通过粉喷桩复合地基并局部增设砂石垫层处理大面积软弱地基，节省费用20%左右，且较好地解决了因大量回填和软土层产生地基不均匀沉降和变形对构筑物的影响。

取水泵房

V形滤池

综合楼

水厂全景

后　记

为全面反映湖北在新中国成立后的建设成就，由湖北省建设厅组织编纂的《湖北建筑集粹》之《湖北现代建筑》卷终于与读者见面了。它的出版为广大建筑爱好者提供了一个全面了解湖北现代建筑发展历程的窗口，同时也是对湖北现代建筑进行的一次系统、全面的总结。

《湖北现代建筑》编辑组2002年开始向全省各市、州建设局（建委）和设计院进行建筑项目征集活动；2003年10月开始在全省范围内对现代建筑进行实地摸底调查并根据每项建筑的影响和代表性，完成了湖北现代建筑的筛选工作，确定了收录的项目、内容；2004年至2005年上半年对所收录的建筑项目进行了资料征集并同时对征集到的资料进行了分类、整理、筛选和编排工作；2005年底完成了全书的编辑排版；2006年初提交《湖北建筑集粹》编委会对本卷进行审定。

《湖北现代建筑》一书凝聚了几代湖北建筑设计工作者的心血。在三年的编撰时间里，本卷的编辑人员做了大量的工作，省内各市、州建设局（建委）、城建档案馆和各设计院以及相关院校、一些企事业单位的领导和工作人员给予了极大的支持与帮助，保证了本卷编撰工作的顺利进行。

华中科技大学建筑与城市规划学院的陈纲伦教授为本卷撰写了第一章的内容，对全省现代建筑及其发展作了全面、客观、真实的评价和概述。书稿在编撰过程中，一直得到湖北省建设厅各级领导以及高介华先生、戚毅先生的关心与指教，为保证本卷的编撰质量奠定了坚实的基础。在本卷即将出版之际，谨在此对所有为编撰工作作出贡献与提供帮助的人们致以真挚的感谢！书中如有不当与错误之处，也望广大读者批评指正。

编　者

2006年4月